点亮思维

快速锁定问题关键力

易 青◎著

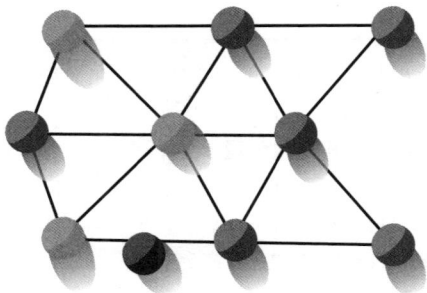

中国铁道出版社有限公司

CHINA RAILWAY PUBLISHING HOUSE CO., LTD.

图书在版编目（CIP）数据

点亮思维：快速锁定问题关键力／易青著.

北京：中国铁道出版社有限公司, 2025. 1. -- ISBN 978-7-113-31608-2

Ⅰ. B804. 1

中国国家版本馆 CIP 数据核字第 20240QD805 号

书　　名：**点亮思维——快速锁定问题关键力**

　　　　　DIANLIANG SIWEI：KUAISU SUODING WENTI GUANJIAN LI

作　　者：易　青

责任编辑：巨　凤　　　　　　编辑部电话：(010)83545974

编辑助理：刘朱千吉

装帧设计：仙　境

责任校对：苗　丹

责任印制：赵星辰

出版发行：中国铁道出版社有限公司（100054,北京市西城区右安门西街8号）

网　　址：https://www.tdpress.com

印　　刷：北京盛通印刷股份有限公司

版　　次：2025 年 1 月第 1 版　　2025 年 1 月第 1 次印刷

开　　本：880 mm×1 230 mm　1/32　印张：7.75　字数：164 千

书　　号：ISBN 978-7-113-31608-2

定　　价：59.00 元

推荐序

思维能力是一个人的核心能力之一。纵观一个人的素养，它主要由品性与能力（或智能）组成，而在能力或智能体系之中，思维能力居于核心地位，它是决定和支配其他能力要素的动源与机制。如果一个人的思维能力不强，那么他的整体智能水平也不会高。

为此，现在思维能力的培养越来越受到大家的关注。2022 年国家出台了义务教育阶段的各科课程标准，这一套课程标准将各学科的核心素养培养定位成教学的目标。而在这些目标设定中，关键能力的培养被列为常态着力的教学方向。像语文、数学这样的基础学科，还把思维能力列为关键能力的关键要素。可见从国家层面对思维能力的培养有多么重视。

我带领我的教学改革团队自 2009 年就开始了一项改革，名曰"练能教育（教学）"。我们在教育教学设计与实操中，一向高度重视思维能力的培养，并将其常态化地落实到日常的课堂教学之中。在我们的改革团队中，老师们基本都比较熟悉如何结合学科课堂教学，对学生进行思维训练。

然而，还有许多教师虽然认识到培养思维能力的重要性，特别是在新课程标准即将全面实施之际，但他们对于如何在新课程教学中有效地进行思维训练仍然感到陌生和困惑。

而且，现实中的很多人从小接受的教育、教学在思维训练方面比较薄弱，导致他们对自己的思维能力的状态很不满意。那么，这样的人，有没有办法通过自主学习与自我修炼而提升思维水平、提高思维素养呢？答案是：有。本书就是为教师教学展开思维训练，以及为普通人自我提升思维能力提供的一个通俗读本。

本书的作者易青是我的练能教育改革团队中的一员，是一名优秀的小学语文教师。这种"优秀"不仅体现在她所教的班级语文学科成绩长期处于年级前列，所带班集体也被评为市、区级优秀班集体，还体现在她在跟着我进行教学改革时，我给她安排的任务，她的理解力和执行力非常强，完成出色。当时我以为，她的能力强是因为她的初始学历是硕士研究生，比一般的教师在知识技能方面入职起点高。后来在与她的深入接触中才知道，在踏入小学教育岗位之前，她曾是一位考研逻辑与写作教学教师。任职期间，她不仅教授课程，还积极投身于所在机构的逻辑与写作学科课程体系的开发与完善工作中，因贡献突出荣获了"学科建设奖"。这一过程中，易老师实现了教学相长的良性循环，她不断学习新知，自我精进，个人思维能力得到了显著提升。因此，她不仅能够轻松应对工作中的各种挑战，还独具匠心地总结出一套行之有效的思维训练方法与实践经验。

易老师基于学习、自练、研究而发现，一个人如果将逻辑学的知识自然地融入日常的思考与言语表达中，思维能力就会得到极大的提升，工作效率也会得到极大的提高。正是从这个角度出发，易老师写出这一本比较生活化的以逻辑学帮助思考与表达的读本，以帮助那些需要通过自主学习而历练思维能力的人们，有"本"可读而修炼"内功"。本书将深奥的逻辑学知识，结合生活化的实例，进行深入浅出的讲解，便于广大读者读得懂、能理解、会运用。真可谓：轻松了解逻辑学知识，快捷提升思维水平。

本书的第一章主要讲的是生活中常见的逻辑谬误。通常逻辑学的书籍会把逻辑谬误放在最后一章简要介绍。但本书却将逻辑谬误放在第一章，并且每一个逻辑谬误都结合生活中的案例进行了生动详尽的讲述。读了第一章，我也发现确实我们在生活中很容易犯逻辑错误，但我们自己也许并没有察觉到。就像没有经过专门的普通话训练前，很难意识到自己普通话发音中的细微不到位的情况。这是本书生活化和实用性的一个体现。

第二章是讲如何提高表达力的。这一章非常有趣，里面穿插了中外许多能言善辩之人的故事，通过作者的分析，我们可以了解到这些精彩表达背后的思维过程，以便于在遇到同样的情况时，知道如何去思考和应对。

第三章讲如何运用逻辑学知识去解决生活中的问题，也就是如何做事。这一章也让我们看到了逻辑学知识的实用性。比如类比推理可以帮助我们在条件不具备的时候创造条件，得出想要的结果；也可以帮助我们理解难懂的知识。归纳推理可以让我们发现规律，在调查统计、组织管理中也有非常重要的作用；因果关系推理则可以帮助我们找到问题的关键，从而为有效地解决问题提供思路。

第四章介绍了一些非常有意思的逻辑推理题。作者将逻辑推理题进行了合理的分类，每一类归纳了对应的解题思路。通过阅读本章，读者基本能够对逻辑推理题有大致的了解，也能基本掌握每一类题型的解题思路。

本书每一节的后面都有两道思考题，每一道题都有详尽的答案参考,帮助读者将书中知识融会贯通,同时,做这些思考题也是一种有趣且有益的挑战,相信爱思考爱动脑的读者都不愿意错过。

在阅读本书的过程中,我们随处可以感受到作者创作态度的认真,看得出作者为本书倾注非常多的心血。相信认真阅读完本书后,你一定能有所感悟;如果你能照书操练,那一定会在问题思考、话语表达和完成工作中大有长进。

熊生贵

2024 年 7 月于上海

(熊生贵:特级教师,中小学正高级教师。"练能"教育模式创立者。基础教育课程改革国家级培训者,国家教育部和四川省"国培计划"授课专家。曾在国内各级刊物上发表文章 500 多篇,出版论著 46 本)

前　言

　　逻辑学,这门听起来有点"高大上"的学问,其实非常贴近我们的日常生活。它就像我们大脑的健身教练,能指导我们如何合理锻炼我们的大脑,让我们更轻松地应对生活中的难题。

　　记得小时候,我们总是被故事里那些机智过人的角色所吸引。比如经典的《自相矛盾》的故事,楚国商人的自我矛盾在逻辑学的视角下一目了然,直言命题的对当关系原理让我们会很容易地发现楚国商人的逻辑漏洞,并让我们意识到,通过学习,我们也能一针见血地指出这种问题,识破生活中的种种迷雾。

　　再大一点后,我读到了《邹忌讽齐王纳谏》这样的经典故事,对其中人物的口才和智慧钦佩不已。我曾渴望自己也能拥有他们那样的口才,直到我学习了逻辑学,才逐渐明白,通过学习和实践,我们完全可以培养出类似的能力。

　　邹忌以自身经历为喻,巧妙地运用了类比推理来引导齐王反思。他没有直接对齐王进行指责,而是通过讲述自己的一个小故事来引起齐王的共鸣。

　　通过类比推理的方法,既避免了直接冒犯齐王,又有效地传达了邹忌的观点。这种智慧不仅在于口才的卓越,更在于对逻辑学的灵活运用。

　　逻辑推理的规则在日常生活中也对我们有很大的帮助。如果我们熟悉了逻辑推理的规则，比如三段论的规则，我们就能快速发现别人说话中的逻辑错误，并知道如何纠正或回应。

有些人天生逻辑思维就很强，即使不知道具体的逻辑规则，也能做出符合逻辑的判断。就像《自相矛盾》里提问的人、邹忌、触龙一样。这就像在乘法表出现之前，很多人已经能心算生活中的数学问题。但如果他们掌握了这些规则，说不定还能留下更多有趣的故事。

即使我们不具备天生的逻辑天赋，一旦深入学习逻辑学，我们也许可以洞察聪明人如何运用逻辑技巧，比如像拼图一样的归纳推理，或者找相似点的类比推理，还有按部就班的演绎推理。而且，这些逻辑技巧并非仅供观赏，用在生活和工作中均能发挥巨大作用，能帮我们思路更清晰，表达更准确，提高做事效率，并改善人际交往。简而言之，逻辑学就是我们生活中的实用工具，让我们也能变得聪明起来。

在我担任考研逻辑课程教师的多年时光里，最让我感到欣慰的是，学生们常常反馈："易老师，您讲的内容我们都能听懂！"我真诚地希望在这本书中，我能够同样用易于理解的语言，让每一个读者都能轻松领会逻辑学的精髓。

这本书不仅系统地介绍了生活中能用到的逻辑知识，还借助一些生动有趣的案例和故事，向读者展示了如何在实际生活中运用它们。本书案例主要是根据我身边发生的真实事件、社会新闻及管理类考试逻辑真题进行改编，而案例中的民间传说及名人故事主要参考了吴家麟先生编著的《故事里的逻辑》、王建平先生所著的《幽默与逻辑智慧》、彭漪涟及余式厚先生所著的《趣味逻辑学》等五十多本书。

　　无论你是学术精英、职场高手，还是对逻辑学感兴趣的初学者，本书都是你们学习上的好伙伴。特别是对于那些正在备战公务员考试或经济管理类研究生入学考试的考生们而言，它更是助力破局、提升竞争力的秘密武器，让学习之旅不再枯燥，而是充满乐趣和洞见。

　　在本书的创作旅程中，我要向所有给予我帮助的人表达我的诚挚感谢。首先，是我的家人，他们一直是我坚强的后盾，给予我无限的支持和鼓励。其次，我还要感谢出版社的 Sophie 老师，她的专业指导和宝贵建议对本书的完成至关重要。还有为本书撰写推荐语的各位，他们都是各自领域的佼佼者，感谢他们对我的支持与鼓励！

　　在撰写这本书的过程中，我自己也获得了成长，对逻辑学有了更深的理解和体会。我衷心希望这本书能够成为读者朋友们学习逻辑、提高思维能力的良师益友，让你们在阅读之后，能够获得知识上的启迪和思维上的提升。

　　逻辑学是一门深奥而广博的学科，我在写作本书时，尽管已对每一章节都进行了详尽的资料查阅、仔细的推敲和反复的斟酌，但我清楚地意识到，书中难免会有疏漏或不足之处。因此，我诚恳地希望读者能够提出宝贵的意见和建议，它们将有助于我不断学习和进步。

　　最后，再次感谢所有陪伴和支持我的人，是你们让这本书得以问世，也希望它能够对读者们有所帮助。

易　青

2024 年 7 月

目 录

第一章
如何避雷——生活中常见的逻辑谬误

01. 你不支持我就是支持他/非黑即白

【学点小知识】

"非黑即白"指的是事物之间的极端对立思维,没有中间地带,只有两个极端的选项,即绝对的黑白分明。"非黑即白"的逻辑谬误还有许多别称,比如"不全则无""极化思考""不当二分法"等。以色彩为例,"黑"和"白"是反对关系,不是矛盾关系,自然界中除了"白色"和"黑色"外,还有红、橙、黄、绿、青、蓝、紫、灰等许多颜色。因此不能说"不喜欢黑色就一定喜欢白色",因为还可能喜欢红、黄等其他颜色。

在生活中,如果出现了"非黑即白"的逻辑谬误,在决策时就容易走向极端。比如,"今天起床迟了,就不去图书馆学习了吧,明天早点起床努力""今天吃了一块牛肉,就不减肥了吧,从明天开始滴油不沾""如果我比别人穷,我就是个失败者""如果我今天忘戴了项链,今天的我就是不得体的,就不能出席任何重要的场合""如果我不小心摔坏了家里的一只碗,我就是个败家子"……"非黑即白"

的思维方式有可能导致对自己的完美主义和对他人的求全责备,进而造成人际关系的紧张和冲突。下面我们一起来看看生活中一些有关"非黑即白"逻辑谬误的案例。

【案例】完美主义

玲玲是一个很有进取心的女孩,小学六年中担任了五年的班长,中学时她还是学校的学生会主席兼文学社社长。在担任文学社社长时,玲玲因为制作文学社社刊的经验不足,遇到了很多难题,但是她坚持不愿意向别人求助,也不愿意影响社刊的质量,因此压力大到常常一个人躲起来哭。

每次考试前,玲玲总觉得自己的复习还没到位,不是这本书没看完,就是那份资料还没背熟,所以一听到考试的日期就感觉特别焦虑。大学毕业后,玲玲报名参加了公务员考试和教师公招考试,但每到考试之前,因为担心自己准备不充分,总是弃考。

工作后,玲玲虽然工作质量很高,但也是办公室里加班最多的一个人。公司的其他同事很快就完成了工作,享受下班后的生活,玲玲却因为追求完美,经常会在下班后把工作拿回家去做,甚至有时熬到深夜。虽然获得了领导的认可和升职加薪,但玲玲却因为长期的焦虑和经常熬夜而出现了很多亚健康症状。

玲玲还常因为小事而反复思量,比如同事的一句无心之言、领导对自己方案的搁置,乃至很久前的不愉快经历,都能让她心绪难平。此外,玲玲也对自己的外貌缺乏自信,一会儿觉得自己的耳朵太大了,一会儿又觉得自己的头发太黄了。在别人盯着自己看的时候总觉得不自在,因此错失了许多展现自我的机会。当领导委以重任时,玲玲总是担心自己做不好而推辞。久而久之,很多工作能力不如玲玲的人却取得了比玲玲更显著的进步与发展,而玲玲则一直止步不前。

问题分析:

玲玲是一个非常容易内耗,也容易放弃的人,很重要的原因就是在她的思想中有一种"非黑即白"的观念。比如工作上遇到困难不愿意求助,也不愿意敷衍了事,总是追求工作成果的极致完美,视不完美为失败;同时,对自我准备状态的过度苛求,让她在认为自己没准备好时因害怕失败就不愿意参加考试、不愿意接受新任务。生活中的一些小的不如意也被她放大,影响了对生活的整体幸福体验。外貌上有一点小瑕疵使她自我贬低,认为自己不配站在台前。实际上,玲玲需要认识到,生活本就不完美,幸福的人生不一定是一帆风顺的。人生不如意事十之八九,即使是最幸福的人也会遇到不如意的事。"感到幸福的人"和"感到不幸福的人"遭遇的人生并不一定是截然不同的,只是面临遭遇的想法不同、感受不同。接受生活的不完美,才是通往幸福与成长的道路。

【案例】你不支持我就是支持他

李云、张路和刘明是自小就十分要好的朋友,他们住在同一个院子里,三人之间从来就不会出现两个人的关系太好,冷落一个人的情况。他们小时候吃饭要在一起吃,睡觉也经常互相跑到对方家里一起睡,闯祸后挨骂都互相分担。因此三人常自比桃园结义的刘、关、张,发誓一生一世都不分开。

长大后,李云、张路和刘明合伙创办了一家公司,由于三人都很勤奋肯干,公司办得有声有色。但是,李云、张路和刘明三人在事业上的角色分配和刘备、关羽、张飞的搭配不一样,他们三人谁都不愿意做大哥,都认为兄弟之间应该平等相待,不能由一个人去安排另外两个人。这就导致了一个问题——在产生意见分歧的时候,听谁的?

李云和张路都是非常有主见的人,以往生活中的小问题都因为愿意迁就对方而常常互相妥协,但随着公司规模日益壮大,出于对公司利益的负责,两人在产生意见分歧的时候,都认为自己才是站在公司的立场上高瞻远瞩地考虑问题,而对方的意见有不恰当之处,因此常常产生冲突。刘明则和他们相反,性格比较优柔寡断,不太喜欢做决策。

李云和张路由于经常意见相左,又不能说服对方,于是都到刘明那里争取支持,并且放话出来:"你不支持我就是支持他,我们立马绝交。"刘明于是常常陷入为难之中,不知道该怎么办,干脆保持沉默,就这样公司在第三年就散伙了,兄弟三人也形同陌路。

问题分析:

李云、张路和刘明之所以会产生不可调和的矛盾,很重要的原因就是在处理问题时出现了"非黑即白"的逻辑谬误。

在产生分歧的时候,李云为了证明自己是对的,就全盘否定张路的观点;张路为了证明自己是对的,也全盘否定李云的观点。而李云和张路对刘明说的"你不支持我就是支持他"忽略了刘明拥有四种选择:

(1)支持李云而不支持张路;

(2)支持张路而不支持李云;

(3)同时支持李云和张路;

(4)对李云和张路都不支持。

李云和张路将意见的分歧等同于非此即彼的矛盾关系,使得双方陷入了水火不容的境地,并且还要把刘明也拉入针锋相对的争斗,最终导致公司的解体。

【案例】内向就是性格有问题

张林从小在偏远的贫困地区成长,上学来回要走十几里山路,冬天的清晨和傍晚山里的气温都非常低,如果再下一点雨,走在路上手脚都几乎要被冻掉。更何况山路狭窄而泥泞,早晨和傍晚的能见度比较低,张林虽然有一个小小的电筒,但照不了多远,常常一不留神就滑进田里,然后装着满满两只鞋的水和泥爬上岸,鞋子和裤子一整天都干不了。

作为家中的长女,张林每天回家都有干不完的活。每天傍晚放学回家,张林一把书包放下,就要赶紧做饭、切猪草、帮奶奶带弟弟,稍有不慎便会遭到父母的责备。尤其是她的母亲,一不顺心就会一直数落张林,张林在家里做什么都小心翼翼的。

每晚睡前是张林最喜欢的时间,夜深人静,虫鸣蛙唱,张林在自己单独的小房间里点燃一根蜡烛,借着微弱的灯光做作业、预习新课、看同学借给她的书籍,她希望有一天能通过知识改变命运。

但受限于环境与资源,张林只考上了当地的乡镇中学。中学那几年,张林也非常努力,但由于常常要奔波于家里和学校之间,张林高中毕业时只考上了一所二本学校。虽然是二本,但对于当地人来说,已经非常不错了。于是张林也幸运地得到了父母的支持去城里上学了。

然而,在大学里,张林却遇到了新的困境。宿舍生活中,张林因家境贫寒、性格内向而显得格格不入,长期的家庭压力使她非常自卑。室友们在试探后让她承担了过多不属于她的任务。

直到有一天，张林打饭回来，正准备推开虚掩的宿舍门时，听到室友躺在床上你一言我一语地正在嘲讽她："我觉得张林的性格很有问题，太内向了，不大方。""我感觉张林很想讨好我们，因为我们平时都不跟她说话，所以让她干什么她都很开心。"张林面无表情地推开门，把为室友带的一袋子饭盒甩出来扔在地上，挽起袖子大喊道："你们未免也太欺负人了。你们再乱说试试？"室友们面面相觑，看张林一直站在宿舍中间，像要打架，赶紧道歉，等张林离开宿舍后，才敢捡起饭盒。

张林当时被愤怒瞬间激发了心中的斗志，但在平常的日子里，由于和室友家庭条件和语言表达能力的差距，她又回到了不太自信的状态，所以室友对她的佩服很快又烟消云散，只是再不敢使唤和嘲讽她了，害怕她什么时候又发飙。

问题分析：

张林和室友的这些言行和想法中也存在着"非黑即白"的逻辑谬误。室友将外向性格视为优越，自信等同于正确，而将乐于助人解读为愚蠢；张林自己也认为室友的家境和口才比自己好，和自己不是同一个世界的人，难以建立正常的交流和联系，其实也是限制了自己。

性格如内向与外向、自信与自卑并非"非黑即白"的关系，而是多维度、多面向的。就像张林的性格，既有自卑软弱的一面，也有勇敢进取的一面，不应简单地用是非对错来评判。

【案例】为了证明我是对的，你就必须错

李芳是一名即将毕业的硕士研究生，最近她在写毕业论文的开题报告。其中，文献综述部分要求她对过去同领域的研究成果进行梳理和评价。

但是在评价这些前人的研究成果时，李芳遇到了困难，她深知这些成果能发表或出版，肯定是非常严谨且有价值的，但如果这些研究已经很完善了，那她的研究还有什么意义呢？

于是李芳开始鸡蛋里面挑骨头，全然忽视前人研究成果的合理之处，只挑着不完善、不全面的地方进行批判，把前人的成果说得一无是处，以凸显自己接下来即将开展的研究的必要性和合理性。

李芳把开题报告写完之后，对自己的作品非常满意，于是满怀信心地把它交给了导师审阅。没想到导师看过之后，没有夸赞李芳，反而严肃地指出了她在评价前人研究时的偏颇之处，让她重新对前人的研究成果做出客观的评价。

问题分析：

李芳其实也是犯了"非黑即白"的逻辑谬误，为了证明她的研究是有价值的，就先去批判前人的研究成果都是有问题的、无价值的，这种为突出自己而一味地否定他人的做法，非但不能彰显自己的研究的价值，反而会让人感到这位作者不成熟、不客观。

【案例】又被反转了

张萍是个典型的"吃瓜群众"，每天最大的爱好就是在社交平台看社会新闻。有一天，张萍看到一则视频，内容是一个青年男子打了一名小男孩一耳光，那名青年男子体形壮实，而小男孩那么弱小。视频标题是："看看，这么大的一个男人欺负这么小的一个孩子！"

张萍自己也有孩子，看着小孩被欺负了就无比心疼，于是在视频下面留言表示愤怒，希望能严惩这名男子。

可是,过了几天,张萍又看到了另一个视频,视频内容是一名小男孩故意在一辆汽车的四个轮胎前放了许多图钉,又用小刀扎轮胎、划车身。车主发现后呵斥他,他却向车主做鬼脸、吐口水。于是车主打了小男孩一耳光。小男孩的家长知道后,报警让车主赔偿十万元,并将停车场的视频经过剪辑后发到了网上,想让网友们一起网暴这名男子。

张萍看完视频,回想起前几天她留言的那则打人视频,这个车主和小男孩不就是之前打人视频里的两人吗?原来,她自己也被利用,做了帮凶,心中既愧疚又愤怒。

问题分析:

在做"吃瓜群众"的日子里,张萍经常会有这种被耍弄的感觉。每一个新闻初看时,是非对错都是如此分明,让她忍不住惩恶扬善,但过一段时间,又会来一个反转,让她措手不及。

其实,有些视频的博主们为了制造话题、博取关注会刻意地隐瞒部分真相,造成"非黑即白",让网友心中的正义感被唤起,促使他们留言互动。但真正的事实却极少是"非黑即白"的,因此才会常常产生反转。

【学点小技巧】

那么,如何有效避免或应对"非黑即白"的逻辑谬误呢?我们一起来看看以下几个小技巧:

1. 找到在"黑"与"白"之间的第三种情况。比如当李云和张路产生意见分歧的时候,刘明能够提出第三种可能性。或者李云和张路能够相互尊重,取长补短,也许能更好地发挥合伙人的优势。

2. 允许和理解多样性。例如在人际交往中,人的性格、行为和家世不能仅仅用对错、好坏、高低这种"非黑即白"的概念来定义。每一个人的性格都是先天因素和后天因素综合作用的结果,每一种性格都是独特且复杂的。比如外向性格比较容易融入新环境,缺点是可能会比较容易浮躁;内向性格则专注力强,喜欢深思熟虑,但缺点可能是较难适应新环境,不喜欢主动沟通。每一种性格都有其价值,我们不能因为性格不一样就否定自己或别人。

3. 从不完美中发现闪光点。美国精神科医生玛莎·林纳涵在研究边缘型人格障碍的治疗方法中,得出了这样的结论:边缘型人格障碍的根据在于统合对立的机能不健全。要重新获得统合技能,克服二分法(也就是"非黑即白")思维方式,需要克服"非黑即白"的思维方式,首先要接受不完美的状态,也就是认识到失败和成功并存,要从坏事中看到好事,从不完美中发现闪光点。

4. 警惕极端言论。如果我们在搜索引擎里搜"咖啡+长寿",就会发现许多关于"喝咖啡的人更长寿"之类的文章;如果我们在搜索引擎里搜"咖啡+影响寿命",则会看到一大堆"咖啡会减寿"之类的说法。大部分的文章为了证明自己的观点都会刻意忽略反例。面对自媒体上的新闻,我们应理性思考,避免被片面信息左右,以作出客观的判断。

【思考题】

1. 消费者在购物时,是否只有两种选择:要么只买最贵的,要么只买最便宜的?

2. 学生对待学习的态度是否只有两种:要么非常刻苦,要么完全不努力?

02. 别人家的孩子/类比不当

【**学点小知识**】

类比推理,就像寻找两个看似相似的影子,试图从它们重叠的部分推测出完整的相似性。但事物如同万花筒,每个角度都能观测到不同的色彩和纹理。如果我们在进行类比时,只是草率地聚焦于某些表面的相似之处,而忽略了它们之间深层的、本质的差异,那就极有可能陷入"类比不当"的陷阱。

为什么我们时常会盲目跟风购买不适合自己的物品?为什么我们总爱将自己或身边的人与他人进行比较?这些问题的出现,很可能是因为我们在思考过程中陷入了"类比不当"的逻辑陷阱。若对这一逻辑谬误缺乏深刻的认识,我们便难以有效地避免和应对它。接下来让我们通过几个生动的案例,一起揭开"类比不当"的神秘面纱。

【**案例**】"买家秀"和"卖家秀"

小丽特别容易被明星"种草",喜欢跟着明星买东西。有一次,小丽在某社交平台上看到某女明星代言的面霜广告,那洁白的面霜涂抹在她的脸上,立刻白了一个度。根据女明星的描述,这个面霜她一直都在用,早晚各一次,从不间断,虽然日常拍戏风吹日晒,但用了一个月就肤如凝脂、吹弹可破。

于是小丽去买了一瓶面霜,一样洁白的颜色,一样早晚各使用一次,但用了一个月后,她的脸上却又红又痒,还长出了痘痘。

后来,小丽又迷恋上了逛购物网站,她看到某购物网站上的模特穿上了店铺的新款裙子后,亭亭玉立、窈窕动人,举手投足间尽显女性气质。

她想象着自己穿上这条裙子后,一定也可以同样有魅力,于是一咬牙将每个颜色的裙子都购买了一件。可是到手后一穿上身,才明白了"买家秀"和"卖家秀"的差距。

问题分析:

小丽在购物时常常出错,因为她总是将自己与明星和模特进行类比,误认为适合他们的东西也一定适合自己。但这种类比忽略了个体之间的根本差异。

在护肤品的选择上,尽管小丽可能在性别、年龄等特征上与女明星相似,但肤质的不同却可能导致使用效果的显著差异。同样地,对于服装,即使小丽和模特在性别、年龄、肤色等方面相近,身高和体型的不同也会导致穿着效果截然不同。

【案例】你怎么不忘记吃饭?

星期天的中午,小明的妈妈吃完饭就打算出门办事,临走前叮嘱小明吃完饭后洗碗,小明愉快地答应了。小明吃完饭后,把碗泡在洗碗池里,滴上几滴洗洁精,想着看完电视再去洗。可是电视节目太吸引人了,一看就过去了两个小时;小明突然想起明天就要上学了,可是作业还没完成,于是赶紧去书房补作业。

时间不知不觉到了下午五点。妈妈推开家门,提着带回的蔬菜走进厨房,一眼就看到小明泡在洗碗池里的碗筷,不禁提高嗓音喊道:"小明,中午让你洗的碗怎么还没有洗?"

小明从书房探出头,一脸歉意地说:"啊?我忘了!"

妈妈略带责备地说:"你怎么不忘记吃饭?"

问题分析：

案例中"妈妈"与"小明"间的这类对话在很多家庭都发生过，比如"忘洗澡了"会被反问"你怎么没忘了睡觉?"或"忘拖地了"换来"你怎么没忘了走路?"我们或许曾经是"小明"，长大后则可能成了"妈妈"。总觉得不这样表达无法让对方认识到错误。

但是，这个情景的"妈妈"确实存在类比不当的逻辑谬误。

妈妈试图用"吃饭"这一日常行为来强调小明也应该记得"洗碗"。她的逻辑是，既然小明不会忘记吃饭，那么他也应该记得完成后续的洗碗任务。但这种类比其实不太能站得住脚。

吃饭是人的本能需求，到了饭点，肚子就会饿，身体自然会提醒我们该补充能量了，所以吃饭这件事一般不会忘记。而洗碗则是一项家务活，如果一时没完成，并不会立刻影响到我们的生活，因此相对来说更容易被忽略。

这两件事虽然都是日常生活中的一部分，但它们在紧迫性和必要性上有着本质的不同。

因此，妈妈用"吃饭"来类比"洗碗"，并据此认为小明既然记得吃饭就应该记得洗碗，这种推理忽略了两者之间的本质区别，从而在逻辑上显得不够严密。

【案例】盲目攀比

有一个年轻人，天天抱怨自己没有机会。他非常羡慕牛顿，抱怨为什么那个著名的苹果不是落到他的头上，而是落到牛顿的头上;他也非常羡慕发现了硕大无朋钻石的人，抱怨为什么那颗钻石没有出现在他经常散步的地方;他还非常羡慕拿破仑，抱怨为什么他没有遇上能够支持和帮助他的约瑟芬。

于是上天准备成全他，先是照样在他面前掉下一个苹果，结果他捡起苹果就吃了；又把硕大无朋的钻石放在他的脚下，结果他一脚就踢开了。最后让他做拿破仑，不过先像拿破仑经历的那样把他抓进监狱，撤掉职位，赶出军队，抛到塞纳河边，再让约瑟芬赶着马车匆匆而来。结果约瑟芬还没到，只听见"扑通"一声，这位年轻人就已经投河自尽了。

问题分析：

这位年轻人和牛顿、发现钻石的人、拿破仑之间所差的仅仅是机会吗？他和他们之间，最大的区别更可能是学识、见识和心胸气度。因此，即使给了他机会，也不意味着他就可以和他们取得同样的成绩。

生活中有些人总是喜欢拿自己和别人相比，比如小王买了一辆好车，而自己一辆自行车都买不起，就猜小王可能有个有钱的父亲而自己没有；小张职位又升了一级，而自己原地踏步，就猜领导可能是他家亲戚而自己不是。于是认为只要自己拥有了这些东西，就可以和他们拥有一样的人生。

但或许小王、小张和他们还有其他不一样的地方，比如小王自己也有经商头脑，小张工作非常认真。因此即使拥有同样的机会，也不一定能拥有同样的人生。

【案例】你怎么就不能像某某一样？

小时候周围都有一个"别人家的孩子"，他/她学习好、会说话，还多才多艺，简直是集天地灵秀于一身，父母总希望我们向他们看齐，能够变得和他们一样优秀。

于是他们吃饭时，父母会说："你看某某，吃饭多安静，再看看你!"

他们走路时,父母会说:"你看某某,走路多优雅,再看看你!"

他们看书时,父母会说:"你看某某,看书多自觉,再看看你!"

他们写字时,父母会说:"你看某某,写字多工整,再看看你!"

……………

于是,我们就在"别人家的孩子"的阴影下慢慢长大,自信心不断地被打击。幸运的是,大多数孩子并不想变得像"别人家的孩子"一样,不然,他们也许就会变成"东施效颦"和"邯郸学步"了。

问题分析:

在亲密关系中,无论是父母与孩子,还是恋人之间,人们有时会错误地将另一方与他人进行比较。例如,女朋友可能会对男朋友说:"我同事小曾给他女朋友买了一个名牌的包包,你呢?"或者在看到别人豪华婚礼的照片后感叹:"我们当初的婚礼太简单了。"同样,男朋友有时也会对女朋友说:"你闺蜜小张身材保持得真好,你最近好像又胖了。"

这些"你为什么不能像某某一样?"的期望,实际上也犯了"类比不当"的逻辑谬误。每个人,无论在性格、能力还是生活经历上,都有其独特之处,不能简单地进行比较。这种比较不仅忽略了个体间的本质差异,而且往往带有不公平的评判,可能导致关系中出现误解和矛盾。

【学点小技巧】

那么,我们应该如何避免或应对生活中"类比不当"的逻辑谬误呢?以下这些小技巧可以帮到我们:

1. 明白差异,关注自己。"类比不当"主要是由于用来进行类比的人或事物之间有着本质的不同，因此如果自己总在嫉妒别人，或者悲叹命运不公时，多看看自己和别人本质上的不同，明白最需要比较的对象其实是自己，多关注自己的进步和成长，让明天的自己比今天的自己更出色。

2. 当面对不恰当的类比时，我们可以通过指出比较对象之间的本质区别，从而反驳错误的逻辑。例如，如果有人用"你怎么不忘记吃饭却忘了洗碗"来质疑，我们可以幽默地回应："饭是生存的必需品，一顿不吃饿得慌，而洗碗嘛，晚些时候洗也无伤大雅。"同样，面对与"别人家的孩子"的比较，我们可以自信地说："每个孩子都是独一无二的，我的家庭环境和成长背景与他截然不同，父母的爱也无可比拟。"

3. "以子之矛攻子之盾"。通过采用对方的逻辑来揭示其缺陷，使对方意识到自己的逻辑谬误。这种方法不涉及复杂的论证，而是简洁明了地指出问题所在。小学课本上有一个孩子就非常会用"以子之矛攻子之盾"的方法来破解对方的不当类比。看看下面的故事。

在梁国，有一户姓杨的人家，家里有个九岁的儿子，非常聪明。孔君平来拜见他的父亲，恰巧他父亲不在家，于是便叫他出来。这个孩子为孔君平端来水果，水果中有杨梅。孔君平指着杨梅对孩子说："这是你家的水果（都姓杨）。"孩子马上回答说："我可没有听说孔雀是先生您家的鸟（都姓孔）"。

孔君平的言外之意是："杨梅与杨氏同有一个杨字，可划为一类，是你的本家。"小孩也运用类比方法，来反击孔君平："按照先生的推理方式，孔雀与孔君平同有一个孔字，也是你的本家。"这种反击方式，比直接反驳更显得形象、幽默而不失礼节。

【思考题】

1. "因为运动员需要高蛋白饮食来增强肌肉,所以普通人也应该每天摄入大量的蛋白质来保持健康。"这个类比有问题吗?

2. "如果一辆车的轮胎坏了,车就无法行驶;同样地,如果团队中有一个成员表现不佳,整个团队的表现也会受到影响。"这个类比是否完全准确? 它忽略了哪些可能影响团队表现的因素?

03. 如果我有钱就好了/强置充分条件

【学点小知识】

充分条件指的是确保某一论辩成立或某一结果产生的所有条件的总和。如果满足了充分条件,那么结论或结果必然会随之出现。也就是说,如果条件 A 能得出结论 B,那么 A 就是 B 的充分条件。如果有了 A 这个前提,但得不出 B 这个结果,就不是充分条件。如果误把不构成充分条件的条件当成了充分条件,那就是犯了"强置充分条件"的逻辑谬误。

生活中如果出现了"强置充分条件"的逻辑谬误,就有可能付出了很多努力都得不到想要的结果,因为自己所认为的足以得到想要的结果的条件,其实并不是结果产生的充分条件。如果我们能准确识别和正确应对生活中的这种逻辑谬误,也许就能摆脱无效努力,或者提前降低对结果的期待,以免造成更大的损失。让我们一起来看看以下生活中的案例。

【案例】15 岁的人应该拥有驾照

小张的爸爸最近一直很心烦,因为工作变动后他和小张妈妈都无法接送小张上学和放学了，但是小张不喜欢住宿舍，也不喜欢坐公交车和打车，因为他不喜欢和陌生人打交道。他们家又离学校太远，不能让小张走路或骑车，于是小张爸爸陷入了苦恼之中。终于，小张的爸爸想出了一个办法，那就是送小张去学开车，如果获得了驾照，那小张不就可以开车上学和回家了吗？于是小张爸爸兴冲冲地带着小张去驾校报名。

可是到了驾校大厅，工作人员听明白了小张爸爸的诉求后，直接拒绝了他。因为法律规定，任何公民都要 18 岁以上才能考驾照。

小张爸爸非常想不通，小张今年已经 15 岁，拥有比许多成年人更好的视力，尤其是夜间视力；手眼协调能力也非常强，反应能力也比成年人要快得多。

从这些情况看来，小张的爸爸觉得小张简直太适合开车了，于是天天找驾校的工作人员理论。工作人员给小张爸爸看相关的法律规定也无济于事，最后只能报警，最终小张爸爸被警察带走教育了。

问题分析：

小张爸爸所犯的就是"强置充分条件"的逻辑谬误。15 岁的孩子所拥有的良好的视力、手眼协调能力、反应能力、方向感和身体素质对于开车来说的确非常重要，但仅凭这些条件并不能得出可以开车的结论。还有更重要、更关键的条件，比如对于驾驶环境以及路面状况的判断，对于驾驶行为以及可能造成的后果的认知，远比良好的身体素质等条件更加重要。15 岁的孩子在以上几方面相较于成年人还不够成熟，因此很难说明 15 岁的小张就应该持有驾照。

小张爸爸所列举的条件确实是一般 15 岁的孩子所拥有的条件，但这些条件对于拥有驾照所需要的条件来说，还不够充分。小张爸爸认为只要满足这些条件就应该拥有考驾照的资格，就是误把不构成充分条件的条件当作了充分条件。

【案例】如果我有钱就好了

小李出生于一个普通家庭，父母都是工厂职工。但小李从小就对电视剧中奢华的生活心生向往。由于没有专注于学习，中学毕业后，小李就离开校园了。他也成为一名工厂职工。

小李对财富的渴望从未熄灭，只是他没有寄希望于脚踏实地的努力，而是频繁光顾彩票站，幻想有一天能中个大奖改变命运。

奇迹似乎真的降临了，小李真的中了头奖。

骤然巨富的小李立即辞去了工作，买了最新款的手机，去奢侈品店采办了一身行头，带上行李箱环游世界。

然而，在环游世界的过程中，小李因出手阔绰吸引了很多不怀好意的人。他们诱骗小李并利用小李不懂外语实施诈骗，不仅骗光小李的所有存款，还让小李背负了巨额债务。

问题分析：

"如果我有钱了，我就可以不工作，天天睡到自然醒。""如果我有钱了，我就可以去环游世界了。""如果我有钱了，我就可以再也不用看别人的脸色了。""如果我有钱了，我就可以过上幸福的生活。"这些想法就是误把"有钱"当作"幸福生活"的充分条件，以为只要有钱了，生活就一定会变成理想的样子。但我们常说"钱不是万能的，没有钱万万不能。"说明"钱"最多也只是幸福生活的"必要条件"，并非"充分条件"。

【案例】只要购买满一百元的商品,就能享受免费送货上门服务

电商促销日期间,某食品网店商家为了招徕消费者,在网店首页广告中写道:"只要购买满一百元的商品,就能享受免费送货上门服务。"为了让更多的消费者注意到,商家还在每一个商品的页面都展示出了这句话。该网店食品的销量果然暴涨,每单总额基本都是一百元以上。

促销日过后一段时间,平台客服联系商家,说有很多消费者投诉商家做了虚假广告,因为他们在该网店购买了一百元以上的商品,但并没有享受到送货上门服务。于是商家赶紧联系消费者了解情况,原来这些消费者有的住在很偏远的地方,没有快递员愿意送货上门;有的消费者并非在促销日当天购买商品,但因为广告语中并未限定时间,促销日过后也并未撤下宣传图,因此当他们没有获得送货上门的服务时,就有了被欺骗的感觉。

平台审核了消费者出示的网店广告语截图,也听取了商家的解释。但因为商家的广告中并没有提到"免费送货上门"不适用的情况,因此平台认为这则广告语对消费者产生了误导作用,并根据规定对商家进行了处罚。商家也对没有获得"免费送货上门"服务的购买一百元以上商品的消费者作了额外的补偿。

问题分析:

网店商家在促销宣传中过于简化或忽略了某些重要条件,将"购买满一百元"作为"享受免费送货上门服务"的充分条件,错误地使用了"只要……就……"这样的表示充分条件的关联词。然而实际上,除了购买金额达到一百元以外,"享受免费送货上门服务"可能还需要满足其他条件,比如消费者是否位于合作快递的派送区域,消费者是否是在促销活动期间购买的商品等。网店商家在宣传时未能明确告知这些条件,在促销日结束后也没有撤下店里页面上的这条广告语,导致消费者产生误解。这不仅给消费者带来了不便,也让自己蒙受了经济和信誉双重损失。

【案例】如果给病人喝点酒,她就会配合治疗

有一个胆子很小的病人因牙痛去牙医诊所治疗。当牙医拿出一整套诊疗工具放在她的面前时,她看到明晃晃的镊子、探针和拔牙钳等工具,简直吓坏了。病人一骨碌从椅子上坐起来,说什么都不让医生帮她诊治,但牙又疼得令人难受,于是她焦躁地在诊所里走来走去,即使牙医把所有的工具都收起来也没办法令她重回椅子上。

这时,一名护士出了一个主意,她建议医生给病人喝一点酒,以此增加勇气。医生答应了。

病人喝了三杯酒后,脸开始微微发红,眼神也变得无比坚定。

"这下你应该拥有勇气了吧?"医生看到病人喝酒后的表情,连忙问道。

没想到病人一拳打在诊疗床上,大声嚷道:"是啊,现在我倒要看看谁敢动我的牙齿!"

问题分析:

根据护士和医生的想法,病人只要喝了酒,就能拥有勇气。这是一个充分条件的判断,事实也确实如此。但他们还认为病人只要拥有了勇气,就能安静地配合治疗。这就出现了问题。因为病人拥有了勇气,有可能根本不怕现在的牙痛,认为不再需要医生诊治,也更有勇气反抗了。

虽然这只是一则笑话,但也说明,在决策中,一定要注意所采取的措施是否是所想要的结果的充分条件。如果不构成充分条件,那就有可能不能得到自己想要的结果。

【**学点小技巧**】

那么,有哪些小技巧可以用来避免或应对"强置充分条件"的逻辑谬误呢?

1. 识别"充分条件"的表达,避免误用。在日常语言中,表达充分条件假言判断的联结词主要有"如果……就……""只要……就……""一……就……""一旦……那么……""如果……那么……"等。在使用这些联结词的时候,一定要首先判断前件是否构成后件的充分条件,再进行使用,以免造成不严谨。

2. 审视是否存在没考虑到的条件。如第一个案例中,小张爸爸固执地认为 15 岁的小张应该拥有驾照,因为在他的思维模式中,只要拥有了部分适合开车的条件就可以开车。有的条件很重要,比如良好的身体素质和手眼协调能力,没有这些条件就可能导致事故的发生,但这些不是充分条件。例如"喝酒不能开车",喝了酒的人即使拥有了驾照这个重要条件,但因为不满足清醒的判断力、良好的手眼协调能力等条件,也不能开车。他们也是不满足适宜开车的充分条件。

3. 分析自己所认为的"充分条件"是否是"必要条件"。"必要条件"也是一个非常重要的条件,因此很多"强置充分条件"的逻辑谬误都是误将"必要条件"当成了"充分条件"。每当发生某个结果时,一定存在着某些条件,这些条件对于结果来说就是"必要条件"。虽然这些条件对于结果的发生来说是必不可少的,但是只有这些条件不一定能得到结果,因此也不等同于充分条件。例如我们常说"钱不是万能的,但没有钱万万不能。"这句话表达的意思就是"钱"对于自己想达到的目标来说,虽然是必要条件,但不是充分条件。

4. 认识到很多现象是综合因素作用的结果。例如,看到一名有为青年有一个有钱的父亲,就认为"有钱"是青年成功的唯一原因,于是想着如果自己有了钱也能和他一样成功;或者看到一名长得好看的女生人缘很好,就认为只要长得好看就会受欢迎。事实上,也有很多家境优越却不学无术、最终一事无成的人;而拥有好看的外貌但脾气不好的人未必很受欢迎。成功是综合因素作用的结果,如果能够客观认识到别人除了先天条件外,还付出了后天的个人努力,以及获得了一些难得的机遇,我们也许就能更客观地评价他人,并且也能让自己的人生得到更有益的启示。

5. 审慎对待自己所认为的"充分条件"。在解决问题的时候,要注意所采取的措施是否是想要获取的结果的充分条件,慎重权衡利弊,谨慎进行前期投入。比如对别人好有可能是维系长期关系的必要条件,但不是充分条件。喝酒可能是增加勇气的充分条件,但不是配合治疗的充分条件。如果能够认识到所采取的措施有可能达不到想要的结果,我们就应该在投入上更慎重一些。比如三国时期,周瑜用孙权的妹妹孙尚香设美人计,并修建园林供刘备享乐,在他认为,有了这些措施,就一定可以消磨刘备的意志,从而达到"不战而屈人之兵"的目的。但刘备的意志本来就比常人更坚定,这样的措施太依赖于主观条件,能够达到目的的概率太小,所以最终"赔了夫人又折兵"。

【思考题】

1. 如果一个人通过了所有课程的考试,那么他一定掌握了所有课程的内容。请问这句话逻辑是否严密?为什么?

2. 如果一个人总是第一个到办公室,那么他一定是最勤奋的员工。请问这句话逻辑是否严密?为什么?

04. 主板坏了电脑才开不了机/强置必要条件

【学点小知识】

必要条件是指论证的成立或结果的产生所必须具备的条件。如果每当发生某个结果时,一定存在着某些条件,那么这些条件对于这个结果来说,就是"必要条件"。由于"某条件"对于"某结果"来说是不可缺少的,因此只要出现了"某结果",就一定可以推出"某条件"的存在。反之则不是必要条件。如果误把不构成必要条件的条件当作了必要条件,那就是犯了"强置必要条件"的逻辑谬误。

生活中如果出现了"强置必要条件"的逻辑谬误,就有可能找不到问题的症结所在,或者浪费了大量时间在不必要的事情上,造成大量损失,甚至导致严重的后果。如果我们能准确识别和正确应对生活中"强置必要条件"的逻辑谬误,也许就能更好地找出问题的关键,有效地解决问题。让我们一起来看看以下案例。

【案例】主板坏了电脑才开不了机

办公室文员小丽刚刚大学毕业,入职了一家新公司。无论领导要什么文件,小丽都能很快准备好,基本上没有需要修改的地方。

小丽所用的电脑是之前办公室主任的旧电脑,经常会出现卡顿的情况,但这家公司的领导是一个非常节约的人,电脑只要能使用,就绝不更换;如果电脑出了问题不能正常使用,只要能维修,那也坚决只维修不更换。于是小丽只好忍受着电脑的不如意,努力调整心态,提高自己的工作效率。这样度过了一段时间,电脑的卡顿没有对她的工作造成很大的麻烦。

但是有一天,麻烦来了。电脑突然无法开机,无论小丽怎么摆弄电脑,屏幕都亮不起来,小丽都急得快哭了。这时办公室主任突然飘来一句:"多半是主板坏了,去买个新主板换上吧。"

"我来换吗?"小丽不敢相信。

"我们公司都是自己修自己的电脑。"主任面无表情地说。

于是小丽开始查找电脑型号,去买了匹配的主板,按照网上查来的主板更换步骤,把新主板换了上去,然后启动电脑。可是,电脑依然没有开机。

"那多半是内存坏了。"主任依然一副了然于胸的样子。

"啊?"小丽哭笑不得,但主任毕竟比她更有经验,于是她又赶紧买来了匹配的内存条,费尽九牛二虎之力,终于把新的内存条换上去了,然后启动电脑。可是,这次电脑屏幕依然没有亮起来。

正当小丽哭丧着脸瘫坐在地上的时候,她看到插电脑线的插板连接墙壁插座的一端松开了。她赶紧去把电脑线重新插紧,这下电脑顺利开机了。

幸好公司财务也不能确定这个电脑究竟是哪种问题引起的无法开机,所以还是给小丽报销了购买新主板和新内存条的费用。

问题分析：

小丽和办公室主任所犯的逻辑谬误就是误把电脑开不了机的可能情况之一当作必不可少的条件。这种逻辑谬误就是"强置必要条件"。主板坏了肯定会导致电脑开不了机，因此"主板坏了"是"开不了机"的充分条件。但电脑开不了机并不一定就是主板坏了，那"主板坏了"就不是"开不了机"的必要条件，即使主板没有坏，内存坏了、硬件故障、病毒感染、没连接电源等情况都可能导致电脑无法开机。如果明白这一点，也许小丽就会检查得更仔细了，而不是直接更换主板。

【案例】割了牛头砸瓦罐

有一家人养了一头牛，用来耕田，对牛也比较爱惜，平时都将牛进行放养，没有关在栏里。有一天，牛饿了，到处找吃的，正巧看见厨房的瓦罐里有一些粮食。瓦罐的口非常小，但牛太饿了，使劲把头钻进了瓦罐去吃粮食。当牛吃完粮食想要把头拔出来时，却怎么也拔不出来了。牛的叫声引来了家里的人。

全家人急得没有办法，只好让孩子去请平时极有主见的舅父来帮忙。

舅父来后一看，说："这有什么难的，先把牛头割下来。"

这家没有主见的人赶紧照办，拿来一把磨得锃亮的刀就把牛头割了，于是刚刚还活蹦乱跳的牛身首异处。可是，牛头依然在瓦罐里，取不出来。

舅父说道："接下来，把瓦罐砸了，牛头不就可以取出来了！"

这家人点头称是，于是把瓦罐砸得四分五裂，牛头终于取出来了。

问题分析：

从舅父给出的提议中，可看出他最初的想法是："只有割下牛头，才能解决牛头卡在瓦罐里的问题。"因此让这家人先割牛头。但从结果来看，并不需要割下牛头，只要砸破瓦罐，也可以解决这个问题，于是这家人平白多损失了一头作为劳动力的牛。

舅父在这里所犯的逻辑谬误也是"强置必要条件"，为这家人带来了不必要的损失。

【案例】我的病为什么反复治不好？

在小明的家族中曾经出现过患有精神疾病的人，于是小明一直担忧自己是否也会患上精神疾病。

小明二十岁的时候，精神果然出现了问题，他总是反复发生短暂的精神失常。

小明的家人带着小明四处求医，医生们在询问过小明的家族病史以及症状后，都认为小明所患的是癔症或者癫痫，并按照治疗癔症或癫痫的办法来进行治疗，但小明的病一直没有好转。小明的家人以为是小地方的医院治疗手段落后，所以才一直治不好，于是就带他来到了省城的医院。

省城医院的医生在询问小明的家族病史、症状，并查看了之前的医院的诊断报告后，也认为小明所患的是癔症或者癫痫，依然按照治疗癔症或癫痫的办法进行治疗。但小明的病依然没有好转，精神失常发作的频率也越来越高。

省城的医生见势不对，于是转变了思路，通过使用一切可能有效果的侦查手段，才确诊小明所患的疾病是功能性胰岛细胞病。小明的病才终于得到了有效的治疗。

问题分析：

医生们之所以迟迟不能对小明的病症做出有效的治疗，就是因为在他们的思维模式里，"只有癔症或者癫痫，才会导致短暂的精神失常。"没去想过其他的可能性。再加上小明的家族病史，更加强化了这种看法。医生们在这里所犯的逻辑谬误，也是"强置必要条件"。因为从后来的诊断来看，即使没有癔症或癫痫，也可能会出现这样的症状。癔症或癫痫并不是导致短暂的精神失常的必要条件。

【案例】不是你碰掉的，你为什么要捡起来？

小吴是一个特别热心的人，小学时就经常获得"拾金不昧""热心助人"之类的夸奖，爸爸妈妈也特别为他的这种品质而自豪。

长大后，小吴依然会在过马路时扶一下行动不便的老人，在见到别人搬重物时过去搭把手，周末经常去看望社区的孤寡老人。

但有一天，小吴却被带到了警察局。原因是有一家珠宝店在商场展览时，一个镯子掉在了地上，小吴经过那里时，没多想就将镯子捡起来放在了展台上。珠宝店经理看见了，赶紧走过来检查，发现镯子上有一条裂痕，立刻拦住小吴，让他赔偿。

小吴说自己只是把这个镯子捡起来放到展台上，这个镯子不是他弄坏的。经理则不依不饶地嚷道："不是你碰掉的，你为什么要捡起来？你捡起来就说明是你碰掉的。"

小吴感到很无奈，有种浑身是嘴都说不清的感觉。但他坚决不赔偿，坚信清者自清，并且也坚守心中的原则，坚决不妥协。

于是珠宝店报了警。警察调取了当天的监控视频，发现镯子是一名珠宝店自己的工作人员不小心碰下去的，后面也有工作人员或行人看到了地上的镯子,但都视而不见,只是匆匆从旁边绕过,只有小吴捡了起来。

问题分析:

"不是你碰掉的,你为什么要捡起来?"这句话看似"有点道理",实则逻辑混乱。所出现的逻辑谬误也是"强置必要条件"。

这句话所蕴含的逻辑关系就是,"碰掉"是"捡起"的必要条件。因为必要条件的特点是"没它一定不行",所以这句话的意思就是没有"碰"这个动作,是绝对不会或不应该出现"捡"这种行为的。就像之前很有名的一句话:"不是你撞的,你为什么去扶?"说这句话的人也同样认为"撞人"是"扶人"的必要条件。

但在日常生活中,我们可以看到这样一些现象:

同桌的橡皮掉了,我们把橡皮捡起来递给同桌。

妈妈的被子掉了,我们把被子捡起来,帮妈妈盖回去。

孩子自己玩摔倒了,爸爸妈妈第一时间把孩子扶起来。

妻子在家里不小心滑倒了,丈夫赶紧把她扶起来。

一起出去玩的朋友走路摔倒了,其他人虽然忍不住笑,但也一起把他扶了起来。

这些"捡东西"或"扶人"的情况,都没有"碰掉"或"撞人"作为前提,由此可见,"碰掉"或"撞人"并不是"捡东西"或"扶人"的必要条件。

在这些情况中,"捡东西"或"扶人"的动机更多的是人与人之间相互帮助、相互照拂的感情。同样,捡东西的小吴,扶老人的年轻人,也很可能是出自一种人与人之间相互帮助、相互照拂的感情,而不是有的人以为的弥补过失的心理。

【学点小技巧】

那么,有哪些小技巧可以用来避免或应对"强置必要条件"的逻辑谬误呢?

1. 识别"必要条件"的表达,避免误用。在日常语言中,表达必要条件假言判断的联结词主要有"只有……才……""必须……才……""不……就不……""除非……就不……""非……非……"等。在日常表达中,我们在使用这些表达必要条件的联结词时,一定要首先判断前件是否是后件必不可少的条件。以免造成不严谨。

2. 看一看排除条件后能不能出现结果。例如电脑开不了机、手机开不了机、电视开不了机等情况,如果我们第一时间认为是主板问题,那我们先不考虑这个问题,想想如果主板没有问题,出现了其他问题,会不会出现开不了机的情况。以手机无法开机为例,屏幕问题、系统问题、硬件故障、电池问题等都可能导致无法开机。因此它们也都不是手机开不了机的必要原因。经验不足的师傅,如果接连遇到好几个无法开机的手机都是因为电池有问题,也许在遇到下一个送修的手机时,第一时间就会选择更换电池。但对于一位有经验的修理师傅来说,因为见过太多导致手机无法开机的情况,通常会细心辨别和总结每一种可能的原因所表现出来的细微差别,会用更多的检测手段,在修理手机时更加慎重一些。

治病也是同样的道理。医生在诊治病人的时候就会发现,同一个症状可能是由不同的病因引起的。就拿头痛来说,眼、耳、口、头、颈、神经、血管的问题都有可能引起头痛。它们的问题都可能是引起头痛的充分条件,而不是必要条件。因此当我们准备根据经验简单处理时,想一想有没有可能没有我们认为的病因也会出现这样的症状。如果误把充分条件当作了必要条件，对于所有的头痛都采用同一种治疗方法，那不仅浪费了时间，延误了病人的病情，还有可能伤害病人的身体。另外，我们在感觉身体不适时，也不能自己盲目用药，而要及时就医，弄清楚导致病痛的真正原因，再对症治疗。

3. 针对目标想对策。在处理日常生活中遇到的问题时，要弄清楚想要达到的目的是什么，在能够达到目的的方法中，哪些方法是必要的，哪些是不必要的，以免造成不必要的损失。如果第二个案例故事中的舅父能先思考一下"砍掉牛头+砸破罐子"和"砸破罐子"两种措施是否都能达到目的，砍掉牛头有没有必要，也许牛的命就可以保住，那这一家人也不必重新买一头耕牛。

4. 尊重差异，不要以己度人。人与人之间千差万别，自己的行为准则或行为动机对于别人来说也许并不必要。古话说"以小人之心度君子之腹"，在"小人"的心中，"君子"的行为都是出自某种利己的目的，不可能是大公无私的。但是对于有些人来说，"利己"并不是他们说话做事的必要条件。比如从古至今的英雄人物，有很多都是为了别人的利益不惜献出自己的生命的人。又比如有的人每天不喝咖啡就提不起精神，有的人每天不听音乐就睡不着觉，但是对于其他人来说，"咖啡"和"音乐"也许就不是每日必需。

【思考题】

1. 某有机蔬菜公司宣称："只有吃有机蔬菜，人才能长寿。"请问这句话逻辑是否严密？为什么？

2. 有人说："没有大学学位，人就不可能在事业上成功。"请问这句话逻辑是否严密？为什么？

05. 数据会说谎/数字陷阱

【学点小知识】

生活中常出现的数字陷阱通常有"平均数陷阱"和"基数陷阱"。你可能会觉得,这跟我有什么关系呢? 不懂也没关系吧。其实不然,它们与我们的生活息息相关。

一、你"被平均"过吗? 揭露"平均数"的诡计

平均数陷阱是指由于参与平均的样本存在较大差异,平均数难以真实反映所有样本状态的情况。

比如,公司招聘中对于薪资的说明所用的"平均工资"、产品使用者的平均寿命、基金股票的平均收益率等,这些地方的"平均"到底是什么意思呢? 和我们理解的平均是一回事吗? 其实在这些被平均的对象中,有可能存在着很大的差异。让我们来一起看看下面这两个案例。

【案例】平均 4 000 元一个月

小李今年大学刚毕业,四处投简历找工作。由于没有工作经验,得到的回应比较少。在给了回应的几家企业中,小李认真地看了他们给出的薪资条件,A 企业每个月 2 500 元,B 企业是面议,C 企业显示平均薪资每个月 4 000 元。小李于是锁定了 C 企业,穿戴整齐去面试了。

由于小李形象气质不错,也能熟练使用办公软件,于是成功应聘上了 C 企业的前台。入职手续办完后,小李就在公司旁边租了一

个月租 1 500 元的房子,请求房东允许月底发工资时交当月的房租。房东是个慈祥的老人,体谅小李刚毕业的不容易,于是答应了。

入职后,小李兢兢业业,对公司分配和同事交代的各项工作都认真完成,有时工作多了完不成,小李就在公司加班到半夜。但小李也发现了一个奇怪的现象,就是这个公司里的员工对待工作都很敷衍,即使当着领导的面,也无精打采的,工作效率也很低。她想,这些老员工真是太不知足了,每个月 4 000 元,还这么应付工作,那要是在她之前看到的每个月 2 500 元的企业里,该怎么办呢?

月底,公司按时发放了工资,可是小李一查银行账户,居然只有 1 200 元。小李赶紧找到人事经理,问是不是工资没有发完,人事经理说道:"前台试用期工资就是 1 200 元一个月。"

"那转正后呢?"小李问。

"转正后 1 500 元。"人事经理答。

小李感到自己被欺骗了,于是从人事招聘网上翻出 C 公司当时的招聘信息,指给人事经理看:"你看,当时说的是,你们公司平均工资每个月 4 000 元。"

人事经理拍了拍小李的肩膀:"你都说了是平均工资每个月 4 000 元了。我们总经理一个月十几万,三个副总一个月各几万,中层管理一个月七八千,一线员工一个月一两千,这样平均下来,比 4 000 元一个月还要多一点呢。我写的还是一个保守数字。"

小李知道确实是自己没研究好这个"平均"的微妙之处,也怪自己没有警惕心,现在只能自认倒霉了。于是她赶紧办理了离职,寻找下一份工作,并又打电话向爸爸妈妈借了些钱,才把房租交上。

问题分析：

案例中的小李掉入的就是"平均数陷阱"。"平均数"掩盖了被平均的每一个个体的具体情况，常常会营造出一种虚幻假象，让人看不到事情的真相。

例如，2012年5月中旬，《中国家庭金融调查报告》面世，在给媒体的数据中提到"中国城市家庭总资产的均值为247.6万元"。于是当时有许多人大呼自己"被平均"和"被幸福"，但事实上并不是这么计算的。

【案例】高考平均分全市前三

小华明年就上高中了，在小华的择校上，爸爸妈妈操碎了心。

小华的家周围有好几所学校，最有名的是A校。A校每年高考的平均分都位列全市前三。小华的父母想，如果小华进入了这所学校，考名牌大学岂不是稳了？

于是，小华的父母为小华请了各科的专项老师辅导，到了初中毕业考试时小华的考试分数恰好可以上A校。

进入A校后，小华发现周围的同学都是成绩优异的聪明同学，小华所在班级的老师也是根据大多数学生的水平来安排教学进度的。因此，小华常常跟不上老师的进度，考试成绩一塌糊涂。又因为成绩不好，影响了班级平均分，让老师们很不高兴。老师不喜欢小华，小华也不喜欢老师，小华的厌学情绪逐日增加。

到了高二下学期的时候，班主任找到了小华的妈妈，隐晦地表达了想让小华转学的意思。小华妈妈看到小华的考试成绩，也明白如果继续留在A校，小华的成绩只会越来越差，并且小华本人的心理变化非常大，假期里一提到学校的名字就哭。于是在高三开始的时候,小华转到了普普通通的 B 校。

问题分析:

小华父母为了小华能够考上好的大学,在高中的择校上做了很多功课,尤其关注到了高考的平均分。但他们误以为平均分的情况就代表了每一个孩子的学习情况,以为每一个进入 A 校的学生都能取得那样的成绩。而不知道这么高的平均分部分来自录取时的高分数线。

即使小华最终依然不愿意离开 A 校,死守到毕业,但他的分数对一个优等生众多的学校的影响也有限。当他和同年级近千名成绩优异的同学一起毕业时,A 校的高考平均分依然会是全市前三。

【学点小技巧】

怎样才能有效识别平均数陷阱呢?这里提供几个小技巧。

1. 当看到"平均"两个字时,一定要引起警惕。例如公司招聘中对于薪资的说明所用的是"平均工资",那我们就一定要进一步打听所在岗位的具体薪资水平,或者自己入职后的具体薪资数额,以便进行合理的比较,谨慎选择入职的单位。

2. 辨别利用"平均数"来营造的假象。如产品使用者的平均寿命、基金股票的平均收益率等,掩盖了具体的差异,容易让人对之产生不切实际的幻想,从而冲动购入,之后发现自己成为平均数中的"特例"。因此我们在面对这些平均数时,要进一步分析具体数据,对产品作出客观的评价。

3. 询问最高数或最低数来进一步确定真实情况。比如对于某个培训机构"平均 98 分"的说法,我们就可以进一步询问:"是每一个参加培训者都能达到 98 分吗?过去参加培训的人,最低能够考到多少分?"通过了解最低数,我们就可以拥有更准确的心理预期,或者让对方对具体的分数做出保证,以免被轻易糊弄。

二、基数知道答案

【学点小知识】

基数陷阱是另一种较常见的数字陷阱。本节讨论的基数陷阱是将绝对数值当作了比例,忽略了比例计算的基数。在进行概率比较时,如果忽略了其赖以计算的基数,就很难发现真实的情况,甚至可能得出相反的结论。比如:左撇子还是右撇子更容易出现操作事故? 汽车中速行驶还是高速行驶更容易出现交通事故? 为什么有的女生总是容易被不良青年欺骗? 也许只有结合基数来看,我们才知道真实答案。

【案例】右撇子更容易出现操作失误吗?

小玲是某工厂的车间主任,是一个非常喜欢抬杠的人。

有一天,一名同事在工厂操作车间里感叹道:"作为一名左撇子,真的很容易出现操作失误。因为很多机器的设计都是为了方便惯用右手的人,左撇子操作起来不太顺手。"

小玲马上进行反驳:"我不同意。我们厂右撇子出现操作失误的事例更多。我们生活中因为操作失误被烫伤,被割破手指,甚至骨折的人,也绝大多数是右撇子。因此我认为右撇子更容易出现操作失误。"

下班后,小玲的同事听说她要回老家过周末,于是提醒她开车慢点,速度太快遇到突发状况很难反应过来,容易出事。

小玲也立刻反驳:"你去查查交通事故记录,看看是高速时造成的事故多,还是中速行驶时出现的事故多,你就知道高速行驶是非常安全的了。"

问题分析:

从小玲的反驳中,可以看出她是没有基数概念的,当然也有可能她是故意忽略基数来混淆事实,从而达到抬杠的目的。

小玲用来论证"右撇子更容易出现操作事故"的论据是"右撇子出现操作失误的事例更多"。根据不同的研究和统计,右撇子在人类中的比例大约在 85%~90%,而左撇子只占 10%~15%。由于"左撇子"和"右撇子"这两个群体的数量差距很大,因此在讨论"左撇子"和"右撇子"哪个群体更容易出现操作事故时,不能直接用绝对值来进行比较,应该结合两者的群体基数,计算比例,才能得出准确的结果。

交通事故记录也是如此。大多数情况下汽车都是中速行驶的,因此交通事故记录里如果中速行驶占大多数,不意味着中速行驶更不安全,而很可能是因为汽车中速行驶的时间更多,基数更大,出事故的机会也更多了。如果忽略了基数的不对等,而只看结果的数量大小,就容易出现判断失误。

【案例】为什么我遇到的男生都在欺骗我的感情?

小美和小筱是一对从小玩到大的好朋友,她们的性格截然相反。如果不是因为他们是邻居,也许她们之间根本就不会有任何交集。

小美喜欢跳舞、唱歌,喜欢交朋友,很多朋友还都是通过交友软件认识的;小筱喜欢去图书馆、书店、自习室,不怎么喜欢交朋友,常常独来独往。

小美从大学时就开始谈恋爱，但她不喜欢学校里的男生，更喜欢已经工作的、能够经常一起玩的男孩子。小美在大学期间所有的消费都是男朋友帮她买单，她也常常为此而自豪。但随着年龄越来越大，小美却逐渐发现，她所结交过的男朋友，没有一个愿意和她结婚。并且他们都是在厌倦了她之后，迅速分手就找到了下一个女朋友。

而小美的好朋友小筱，却在毕业两年后就和同校不同系的男朋友领证结婚了。小筱的男朋友还考上了当地的公务员。

小筱的孩子两岁时，小美刚刚结束了一段新的恋情，她很羡慕小筱，感叹为什么她遇到的男生都在欺骗她的感情，而小筱的丈夫稳重、踏实而顾家。

问题分析：

小美和小筱在谈恋爱方面的不同遭遇，有一个很重要的原因就是两人寻找恋人的途径或场合不同。小美的男朋友基本上都是在酒吧、KTV 或交友软件上认识的，这些场合或途径认识的男孩子大多是抱着短期关系的心态找女朋友，因此难以与之建立长期、稳定的关系；而小筱常待的地方是图书馆、自习室或书店，这些场合出没的大多是较为踏实的男孩子，因此认识靠谱男孩子的概率也较大。

【学点小技巧】

这些案例提醒了我们基数的重要性，我们可以参考以下小技巧来避免或应对"基数陷阱"。

1. 做判断时，不能只看结果的数量大小，而要结合产生这个结果的背景情况，进一步计算比例。如有的培训机构在广告中写道："我机构每年都会培养出三百名以上考上名校的孩子。"这就可能是利用了基数优势,一般采用这种说辞的会是规模较大的机构,或者是连锁机构,几个校区加起来,每年培训的人数众多,因此三百名以上考上名校的孩子也许只是自然录取率,和培训效果的好坏关联不大。

遇到这种情况,我们可以进一步询问被名校录取的比例,或者询问每年参与培训的人数,看看考上名校的同学是"百里挑一"还是"千里挑一"。基数可以帮助我们确定比例,可以让我们获得的信息更加准确。

2. 根据目标对"基数"范围做出限定。如果想要结交特定类型的人,首先应明确他们的共同特征,包括他们的职业背景、兴趣爱好、生活习惯等。然后基于人群特征,选择他们最可能出现的场合。例如,你想要认识创业者,可以参加创业论坛、商务网络活动或创业孵化器的聚会。在这些场合中,这类人群的基数就会比较大,遇到的概率也就大了。

【思考题】

1. 一个班级有 10 名学生,其中 9 名学生的成绩为 C 级,而 1 名学生的成绩为 A 级。如果班级的平均成绩是 B 级,那么哪个等级能准确地代表大多数学生的表现?

2. 一个人口总数大的城市的犯罪总数比邻近的小城市高。这是否意味着这个大城市的犯罪率更高或更危险?为什么?

06. 便宜没好货/以偏概全

【学点小知识】

以偏概全,是指片面地根据局部现象来推论整体,得出错误的结论。古往今来，与以偏概全意思相近的表达很多，如：管中窥豹，只见一斑；兼听则明，偏信则暗；一叶障目，不见泰山；只见树木不见森林；井底之蛙等。这些成语或俗语都在提醒我们以偏概全带来的风险。

生活中，有许多常见的现象背后都可能存在着以偏概全的逻辑问题。比如为什么我们总是遭遇或不自觉地参与"地域黑"？为什么我们总是错过适合自己的东西？为什么我们总是容易读错或写错字？为什么我们容易做出错误的调查结论，或者容易被调查数据误导？面对这些问题，我们又应该如何去应对和解决？让我们一起来看以下这几个案例。

【案例】A 小区的人都没素质；B 小区的人都是"暴发户"

乐乐所就读的大学附近有两个较大的小区，一个是 A 小区，一个是 B 小区。乐乐刚进学校，学姐就给她讲起了两个小区的故事。

A 小区是一个安置小区，那里面住了很多搬迁户。他们学校的学生去那个小区做义工的时候，发现有一些居民在绿化区的两棵树之间搭绳子，在上面晒被子，晾内衣、内裤。垃圾桶旁边放了很多垃圾，但是垃圾桶并没有装满。他们走在小区里的时候，还看到一个中年人随地吐痰，电梯里也有人抽烟。学姐在公交车上还看到过一位在 A 小区门口下车的老太太，在公交车上大声放着手机音乐，完全不顾周围人的感受。学姐总结，A 小区的居民都没什么素质。

B 小区是一个高档住宅小区。小区内有严格的安保管理系统，每一户都是一个两百平米左右的大平层，都拥有大面积的阳台和宽敞的地下车库。小区里面有游泳池、咖啡馆和各类运动场地。学姐打听到，本地很多做生意的人都住在 B 小区里，他们也特别喜欢炫富。之前学姐和同学去 B 小区门口做调查的时候，很多居民对他们爱答不理。

乐乐后来到本地医院实习，登记病人信息时，看到填 A 小区的人就总感觉"没素质"，对他们就少了很多耐心；看到填 B 小区的人又总感觉是"暴发户"，觉得他们"为富不仁"。因此工作一天后，乐乐心中累积了很多怨气不说，还被不少人投诉说对待病人态度不好。

问题分析：

"A 小区的人都没素质；B 小区的人都是'暴发户'。"这样根据一个群体中部分人的行为或性格、品格等特征，来推出这个群体的总体特征，这种带有地域歧视的观点就是犯了"以偏概全"的逻辑谬误。

"地域歧视"是一种认知偏见，是以偏概全的逻辑谬误导致的行为。在这种错误思维模式的指导下，我们无法客观地认识和评价别人，从而导致交往的冲突和对他人的伤害。要摆脱这种错误的思维模式，我们就要让自己的眼界和心胸更宽广一些。当我们认识到无论在哪里出生，无论住在哪里，都一样是中国人；无论哪一国、哪一个大洲的人都一样的是地球人，而不是只把眼光局限在某省、某市，甚至某小区上，我们也许就能打破地域偏见，更加客观地看待和评价他人。

【案例】便宜没好货

小美家境优渥，从小衣食无忧，被培养出了较高的审美品位。在小美的观念里，同一类商品，一定是越贵品质越好。

"贵"意味着价格高,而马克思主义政治经济学告诉我们,价值决定价格,价格围绕价值上下波动。同一品牌的商品,在不考虑经济状况的情况下,直接选贵的也能给我们节约很多时间。比如电脑、手机,贵一点的型号要么更新颖,要么系统更优越、硬件更高级。同一款式的衣服,原版比仿版往往版型更佳、面料更好;同一功能的面霜,大牌比平替的效果往往也更出色。

但是上大学后,小美的观念受到了冲击。小美的室友小霞和小娜所用的护肤品是十几元一瓶的国产护肤品,而小美和小婷都用的是几千元一罐的进口面霜。不过在肤质的健康程度上,小美和小婷远比不上小霞和小娜。同时,小霞和小娜用的很多便宜的东西都很好用,比如两元钱十根的皮筋、八元钱一支的眉笔等。

小霞是因为家境不好,从小精打细算;小娜则是会挑东西,不买贵的,只选对的。在小娜的"教育"下,小美意识到,即使经济条件优越,一味选贵的也未必是正确的购物策略。因为虽然价值决定价格,但价格却又不仅仅由价值决定。大部分的商品的价值能够和价格相匹配,但也有部分商品,虽然价格不高,但品质优良,或者虽然价格很高,但品质低劣。

问题分析:

"便宜没好货"也是一种"以偏概全"的观念。这种观念认为所有便宜的商品质量都不好。但实际上"便宜且质量不好的商品"仅仅是"便宜的商品"中的一部分,而不是全部,如果总是秉持着"便宜没好货"的观念去挑商品,可能就会错过一些真正适合自己的东西。

因此当我们在购物时,要以开放和包容的心态,将同类的产品放在同一个天平上,真正从品质、口碑等方面综合进行考量,结合自己的使用需求,选择真正适合自己的产品。例如,很多国货品牌护肤品过去因为太便宜,而不被人们认可,人们情愿花几倍甚至几十倍的价格购买进口的护肤品,而不愿意尝试国货护肤品。国货和进口产品中都有好产品,也有不好的产品,需要我们以开放、包容、平和的心态客观、公正地挑选使用,这样我们的选择也可以更加的多样和全面。

【案例】万字难写

有一位老翁,虽然通过辛勤劳动积累了很多财富,但因为祖祖辈辈都不识字,自己连"之乎者也"都不认识,在生活中吃了很多苦头。老翁决定让自己的儿子成为有文化的人。

儿子长大一点后,老翁就为儿子聘请了一位读书先生教他识字。第一天上学,先生用毛笔在白纸上写了一横,告诉他的儿子说:"这是个'一'字。"他的儿子学得很认真,牢牢地记在了心中,回到家就写给老翁看,老翁很满意。

第二天上学,先生用毛笔在纸上写了两横,告诉老翁的儿子说:"这是个'二'字。"老翁的儿子也记住了,回家也写给老翁看。

第三天上学,先生在白纸上写了三横,教道:"这是个'三'字。"老翁的儿子眼珠一转,仿佛掌握了某种规律,扔掉笔就兴高采烈地回家了。儿子回到家对老翁说:"认字实在简单,孩儿已经学成了,就请把先生辞退了吧。"老翁见儿子这么聪明,也就高兴地辞退了这位教书先生。

过了几天,老翁想请一位姓万的朋友来喝酒,就吩咐儿子写个请帖,儿子一口答应了。老翁见儿子很有信心,也就放心地去做其他事情了。

时间慢慢地过去，眼见太阳快偏西了，儿子还没有写好，老翁等得着急了，就到儿子的房里催促。

进门后，老翁见一张纸长长地拖在地上，上面尽是黑线，儿子正用一把沾满墨的木梳压在纸上继续画着黑线。儿子一见父亲进来，就埋怨道："天下的姓氏那么多，他为什么偏偏姓万呢？我借来了母亲的木梳，这样一次可以写二十多个'一'，从一大早写到现在，手都酸了，也才写了不到三千个'一'！万字可真难写呀！"

问题分析：

老翁的儿子因为学了"一""二""三"，发现这三个字都是由对应数量的横线构成的，于是推想其他字也是。这就犯了以偏概全的逻辑谬误。同样地，我们在识字的过程中会发现很多形声字都可以根据声旁确定读音，也就是所谓的"认字认半边"。但"形声字"只是庞大的汉字系统中的一部分，如果根据形声字的规律来认读所有的汉字，那也犯了以偏概全的逻辑谬误，容易闹笑话。

【案例】面食导致癌症

琳琳是某北方医学院的学生，她的毕业课题是研究食物与胃癌之间的关系。毕业之际，她走访了学院所在地的各大医院，调查了一百多例胃癌患者，发现他们都以面食为主，因此认为面食与胃癌的发生有关。

娜娜是琳琳的同学，她的毕业课题则是研究食物与食管癌之间的关系。琳琳也走访了当地的几乎所有医院，调查了一百多例食管癌患者，发现他们的主食都是面食，于是得出结论，面食与食管癌的发生有关。

轩轩是琳琳和娜娜的同学,他的毕业课题则是研究食物与肝癌之间的关系。轩轩也像娜娜和琳琳一样,走访了各大医院,调查了一百多例肝癌患者,发现这些肝癌患者日常都以面食为主,于是认为肝癌与面食有关。

琳琳、娜娜和轩轩将论文交给导师批阅时,导师从书架上拿出一本学长的毕业论文,内容是研究食物与长寿之间的关系,学长走访了本地五百多例长寿老人,发现他们都是以面食为主。于是认为长寿与面食有关。

琳琳、娜娜和轩轩面面相觑,导师则叹了口气:"你们为什么都只在本地调查呢? 本地人的食物哪个不是以面食为主?"

问题分析:

琳琳、娜娜、轩轩和学长所犯的错误,也是以偏概全的逻辑谬误,他们选取的样本范围太窄,只局限在本地,而本地人的饮食结构又以面食为主,因此对于研究普遍性的疾病和食物之间的关系不具有代表性。

【**学点小技巧**】

以下小技巧可以帮助我们避免或应对以偏概全的逻辑谬误。

1. 不要仅仅根据局部现象就对整体进行推断,以免得出错误的结论。以偏概全的逻辑谬误主要是由于归纳不完全导致的。比如一个班级有 50 名同学,我们不能因为了解到有 49 名同学学习不认真,就认为这个班级的同学学习都不认真,只要有一名同学我们还不够了解,就不能轻易给全班同学下结论。

2. 开阔眼界,增加见识。比如"坐井观天"的青蛙,由于终年生活在井底,以为天只有井口那么大。如果见识短浅,误以为自己所了解到的就是全部情况,也容易犯以偏概全的逻辑谬误。

3. 不要执着于"第一印象"。无论是"地域歧视"还是"便宜没好货",很多时候都是因为我们在最初接触这些人或物时留下了不好的"第一印象"。但"路遥知马力,日久见人心。"长期而广泛的接触往往比"第一印象"更可靠。

4. 在学习上保持踏实、谦逊。在学习知识的过程中,总结规律很重要,但所作出的总结一定是在掌握了足够多的知识的基础上,而不是刚学会了一点知识就自认为都懂得了,否则容易出现以偏概全的问题。学的知识越多我们就越会发现,知识之树枝繁叶茂,而不是只有一根光溜溜的主干。因此为了防止学习上出现以偏概全的问题,我们就应该脚踏实地,不断积累,不断钻研。

5. 在调查研究中,尽量使样本更具有代表性。要想更准确地代表整体,我们应该选择足够多的样本数量;同时,为了保证样本在质上的代表性,我们需要确保样本是随机选取的,并且涵盖足够广泛的范围和多样化的类型。而要想指出对方的调查结论存在以偏概全的问题,我们也可以从样本的数量、样本的广度和选取样本的随机性三个方面去考察对方样本的代表性。

【思考题】

1. 因为几个老年人在操作智能手机时遇到困难,就认为所有老年人都不懂现代技术。这个结论是否存在以偏概全的问题?试做分析。

2. 一位健康专家注意到几位素食者健康状况良好,便建议所有人都应该成为素食者。这个建议是否存在逻辑谬误?

07. 动不动就说分手/自相矛盾

【学点小知识】

两个相互矛盾的命题必有一真一假,不能两个都肯定,也不能两个都否定,否则就犯了"自相矛盾"的逻辑谬误。在生活中,如果言行不一,言语前后冲突,行为相互抵触,那就出现了"自相矛盾"的逻辑谬误。"自相矛盾"是一种较为严重的逻辑谬误,它容易使人失去别人的信任,导致人们对出现这种谬误的人的言行持怀疑态度。这也可能使一个人在家庭、事业、情感等方面遇到困难。但在生活中,我们有时又会不经意地出现"自相矛盾"的问题,以下这些案例就是生活中常见的"自相矛盾"的表现。

【案例】不要说别人坏话

小明的爸爸特别喜欢讲大道理。

小明还小的时候,就经常听父亲说:"坚持在背后说别人好话,别担心这好话传不到当事人耳朵里。同样也不要说别人的坏话,别担心这坏话传不到当事人的耳朵里。"小明的父亲还说:"儿子,记住,良言一句三冬暖,恶语伤人六月寒。多说赞美之词,少说贬低之语。"小明觉得很有道理,在小明的心中,爸爸就像电视剧里的正派人物一样,善良而智慧。

在生活中小明也特别留心观察父亲的一言一行,学习父亲的为人处世。有一次,小明的爸爸带着小明去拜访一位有影响力的亲戚。进门坐下后,小明的爸爸一会儿夸这位亲戚越来越年轻,一会儿又夸亲戚的孩子特别聪明伶俐,一会儿又夸房子的格局布置得很好。小明仔细观察，也觉得这位叔叔非常优秀而和蔼可亲。

回家的路上，小明说那位叔叔真是太厉害了，这么年轻就如此有影响力。爸爸却对小明说："这位叔叔就是架子比较大，平时都不和咱们来往。你看他什么时候来过咱们家，总是咱们去看他。他那个家里的装修色系都是灰色，让人看了觉得压抑。还有他的孩子，听说也不太聪明，好像在学校里的排名也较后。"

小明诧异地看着爸爸，脑海里又回忆起爸爸给他讲过的道理：坚持说别人的好话，不要说别人的坏话；多说赞美之词，少说贬低之语……小明打那之后便对爸爸的教诲不放在心上了。

问题分析：

小明的爸爸在教育小明时，强调做人不应在别人背后说坏话，但他却在背后中伤他人，这造成了他言行之间的不一致。当面表扬他人，背后又诋毁他人，小明的爸爸的言行也表现出了明显的矛盾。这从逻辑上讲就是违背了形式逻辑基本规律之一的矛盾律。所谓矛盾律，就是在同一思维或表述过程中，两个相互排斥的思想不能同时为真，因此对两个相互排斥的思想不能同时都予以肯定。如果同时肯定了两个相互排斥的意思，那么思维或表述就会犯自相矛盾的错误。

【案例】动不动就说分手

小丽和小华是一对从大学时就在一起的情侣，彼此之间有着很深的感情。毕业之后，小丽和小华入职了不同的单位，小华在事业上顺风顺水，一段时间后就当上了一个部门的主管。小丽到小华的单位去看他的时候，发现小华的部门有很多年轻女孩，据小华说，这些女孩还喜欢主动找他指点工作。

小丽非常没有安全感，总担心有一天小华移情别恋，喜欢上了别的女孩子。长期的焦虑不安，以及渴望被关心和呵护的情绪让小丽变得特别容易生气，并且一生气就提分手。比如小华回家晚了，小丽就会认为小华是送女同事回家了，对小华说既然不喜欢她就早点分手；小华玩手机没听到小丽和他说话，小丽又会认为小华是和女同事聊天，对小华说既然不喜欢听自己说话就分手；小华向小丽认错，小丽问小华错在哪儿了，小华答不出来，小丽又会说小华总是敷衍她，如果不想和她相处了就分手。

起初，小华听到小丽说"分手"都会紧张、焦急和恐惧，并耐心地哄小丽，向小丽表忠心。但小华的表现让小丽更加确定这一招特别管用，以后更是一遇到不顺心就跟小华提分手。久而久之，小华也觉得疲惫了。于是在有一次小丽提出分手时，小华终于说："我也累了，我们分开吧。"

小丽震惊得说不出话来，并且意识到了问题的严重性，赶紧回过头来哄小华，而且对小华也更加体贴入微。但小华却对小丽失去了耐心。

问题分析：

小丽对待小华的态度就出现了自相矛盾的情况。小丽不断地用"分手"来威胁小华，但内心其实并不想和小华分手，只是想以此来引起小华对她的关注，因此一旦小华真的答应她分手的时候，她又开始不知所措了。

小丽"提分手"的行为本来想达到的效果是增进感情，但"提分手"这种行为本身又是破坏感情的。这种口是心非的现象在人们对待感情时非常容易出现，比如对爸爸妈妈虽然心疼却大呼小叫，对孩子虽然满意却打压贬低,对伴侣虽然紧张却冷漠疏远。由于内心所想和外在表现的言行不一致,甚至是自相矛盾的,因此很难得到想要的结果。

【案例】我的手臂举不起来了

美国大律师赫梅尔曾受理过一桩保险赔偿案,代表某保险公司出庭辩护。原告声称自己的肩膀被掉下来的升降机轴砸伤了,至今右臂抬不起来。赫梅尔不相信,让原告演示一下:"请给陪审员看看,你的右臂现在能举多高?"原告慢慢地将手臂举到齐耳的高度,并表现出非常吃力的样子,以表示手臂已不能举到更高了。赫梅尔点点头,又说道:"那么,你在受伤前能举多高呢?"原告"噌"地一下把手臂举过了头顶。全场哄堂大笑,原告败诉。

问题分析:

原告既然声称右臂举不起来了,那就应该无法演示受伤前的正常状态。如果演示出来了,那就说明之前的说法是在撒谎。

原告在陈述和演示中所犯的逻辑谬误就是"自相矛盾"。而律师的辩护之所以能成功,也是因为他利用矛盾律巧妙机智地揭露了原告的逻辑矛盾。

《最高人民法院关于民事诉讼证据的若干规定》第七十四条规定:"诉讼过程中,当事人在起诉状、答辩状、陈述及其委托代理人的代理词中承认的对己方不利的事实和认可的证据,人民法院应当予以确认,但当事人反悔并有相反证据足以推翻的除外。"自相矛盾的行为,属于违背诚实信用原则的体现,意味着当事人实施与先前的诉讼行为相矛盾的行为,当事人对同一案件的事实陈述,前后应当一致。如当事人在诉讼中已经作出了客观事实的陈述,后又作出相反陈述的,除非有证据证明前后陈述存在合理适当理由外,均应以对该方当事人不利的陈述为认定依据。

确立禁止自相矛盾行为的原则,就是为了防止因为不诚信的行为损害对方当事人的利益。

【案例】我想发明一种万能溶液

爱迪生是世界著名的发明家、物理学家,拥有重要的发明专利超过两千项,被誉为"世界发明大王"。

爱迪生的成功有个人的原因也有时代的原因,但个人原因更为重要。爱迪生个人的优秀品质主要有两个方面,一是强烈的事业心,二是切合实际的方法。这也是成为一个成功的科学家非常重要的两个因素。强烈的事业心让他能够经历一千多次的失败而不放弃,最终找到适合做灯丝的材料。切合实际的方法让他在有限的生命中做出常人难以企及的贡献。

爱迪生成名后,常常有人慕名而来,想要加入他的实验室。有一天,一个青年信心满满地走进了爱迪生的实验室。爱迪生让青年介绍自己在科学上的设想,青年毫不谦虚地说:"我想发明一种万能溶液,它可以溶解世界上的任何物品。"

爱迪生虽然想象力也很丰富,也明白想象力在发明创造上的重要性,但他更是一个实干家,拥有缜密的逻辑思维。于是爱迪生微笑着反问道:"那么,你准备用什么容器来盛放这种万能溶液呢?"

青年一时语塞。

问题分析:

"万能溶液"既然可以溶解世界上的任何物品,那自然也会溶解掉一切接触它的物品,调制它的玻璃棒、分装的勺子、盛放它的容器都是物品,都会被它溶解。对于一种"溶液"来说,容器又是必不可少的。如果盛放这种溶液的容器存在,那这种溶液就不是青年所说的"万能溶液";如果这种容器不存在,那"万能溶液"又将如何放置?在这里,"万能溶液"与"盛放万能溶液的容器"构成了一对矛盾,爱迪生的问话,就是揭露青年所作的设想中的这对矛盾,让青年意识到自己设想的荒谬之处。

【学点小技巧】

从以上案例中,我们可总结出一些避免或应对自相矛盾逻辑问题的小技巧。

1. 表里如一,言行一致。尤其是领导在下属面前、父母在子女面前、老师在学生面前,由于需要言传身教、以身示范,如果自己的言行与自己想塑造的形象不一致,甚至出现了自相矛盾的情况,那就会让自己想要管理或教育的对象无所适从,无法在心里产生真正的认同。

2. 心口如一,多换位思考。有句话叫作"刀子嘴就是刀子心",虽然尖锐了点,但是对身边人来说,"刀子嘴豆腐心"和"刀子嘴刀子心"给人的感受是一样的。己所不欲,勿施于人。除非真的想破坏关系,否则就不要说出使关系破裂的话,做出使关系破裂的事。要使言行和想要达到的目的保持一致。

3. 诚实守信,不歪曲事实。无论是日常交往中,还是法庭诉讼中,如果被别人发现了不诚信的地方,对方就可能以此为突破点,让我们出现自相矛盾,从而让自己陷入进退维谷的困境之中。拿日常生活来说,如果为了防止伴侣多想而刻意隐瞒自己的部分行为,就可能因为自己或别人不经意的一句话造成自相矛盾,从而引起伴侣更深的怀疑。法庭陈述中更是容不得一点隐瞒,否则就容易在对方的攻击下出现自相矛盾,难以自圆其说,最终一败涂地。

4. 在科学研究或语言表达中思维严密,想象合理。科学理论应该是以严密的逻辑推理为基础的,是真实可靠的,容不得任何自相矛盾的命题或结论。科学研究也应该以严密的逻辑推理为基础,符合现实状况与现实需要。

5. 如果对方撒了谎,我们可以利用对方谎言的漏洞让其出现"自相矛盾"。真的假不了,假的真不了。谎言中必然有漏洞,如果能抓住这漏洞进行诘问,往往可以使对方陷入自相矛盾的境地。

6. 如果对方出现了"自相矛盾",我们则可以指出对方的矛盾点进行诘问,让其暴露荒谬。如楚国卖矛和盾的商人,声称自己的矛无坚不摧,自己的盾坚不可摧。旁人问他用这样的矛攻这样的盾又会怎样时,他就回答不出来了。爱迪生也是通过指出青年设想的矛盾之处,来让其意识到自己想法的荒谬。

【思考题】

1. 一家公司宣称其产品是"全天然"的,但成分表中包含多种化学添加剂。这是否自相矛盾?

2. 一个环保组织倡导减少纸张使用以保护森林,但其宣传材料却大量使用高质量的打印纸。这是否存在逻辑谬误?

08. 买一送一/偷换概念与混淆概念

【学点小知识】

偷换概念或混淆概念是指用一个概念去代换另一个不同的概

念而产生的逻辑谬误,使人在思维或论辩过程中自觉或不自觉地违反同一律。生活中有的销售人员会利用偷换概念转移话题,很容易让消费者忘记了自己买东西的初衷;有的商家也会利用容易混淆的概念来激发消费者的购物欲,但顾客购买后才发现商家解释的概念和自己所想的不一样。在与人交流的过程中,如果没有意识到别人偷换了概念,也容易被别人成功转移话题,从而掌握交流的主动权。因此,我们有必要了解一下偷换概念或混淆概念的表现形式与应对方法。

【案例】买一送一

小王生活的小区附近新开了一家小超市和一家服装店,店里面都挂着"买一送一"的宣传语。

某天小王出门买盐和洗涤剂,经过小超市时,被超市里"买一送一"的折扣吸引了,虽然相邻的一条街就有一个大超市,但她还是决定在小超市购买。小超市里面的生活用品也很齐全,盐和洗涤剂也有很多种。小王选了自己经常用的那款,且各拿了两份到门口收银台结账。收银员提醒小王,这两个品牌的产品都不参加活动,参加活动的品牌在最上面一排。小王走回到货架边一看,果然最上面一排的价格标签旁才写着"买一送一"几个字。小王看到店里面到处都是"买一送一"的大标语,还以为全场买一送一,没想到只有几个从未听过的品牌参与了"买一送一"活动。小王叹口气,准备从最上面的货架上拿商品,但无意间却发现这些品牌的产品居然比大品牌的还贵很多,一瓶洗涤剂的价格差不多相当于大品牌两瓶的价格。小王明白了这可能是商家的营销策略,于是还是购买了自己信赖的品牌。

小王出了超市,经过那家写着"全场买一送一"的服装店时,特意看了服装上的价格标签,感觉价格在自己能接受的范围内,如果"全场买一送一"的话还是很划算的。于是小王进店认真地挑了两件衣服。拿到前台结账时,收银员收了小王两件衣服的钱,小王看着收银小票上的费用,问收银员:"你们这里不是全场买一送一吗?这两件衣服一模一样,不是应该收一件衣服的钱吗?"收银员从收银台下面拿出了两双袜子,塞到小王提衣服的袋子里,笑盈盈地解释:"我们是买一送一,买一件衣服或一条裤子都可以送一双袜子。"

问题分析:

小王遇到的情况,就是部分商家常采用的"买一送一"策略,有的商家会在全店营造"买一送一"的氛围,让消费者误以为是全店买一送一,但实际上只有少部分利润空间大、销量不高的商品才会买一送一。有的店铺虽然全店都在搞"买一送一"活动,但这两个"一"的概念并不一致,商家在这里就偷换了概念。而在顾客的意识里,两个"一"所指代的概念应该是一致的,因此也会出现"上当"的感觉。

【案例】不丑啊,穿起来很舒服

小丽是一个性格犹豫不决、不太有主见的人。

这一天,小丽独自到商场闲逛,看到有一家新开的服装店,于是忍不住进去看看,虽然她并没有买衣服的打算。

小丽刚进店,热情的售货员就迎上来,为小丽介绍当季的新款。小丽随意地看着,并不是很喜欢这家店的服装风格,感觉这里的衣服也不太适合自己,想着转一圈就走。售货员看到小丽犹豫不决,于是从货架上拿出一件外套,对小丽说:"美女,我看这件衣服简直太适合你的气质了。你的肤色白,穿这个颜色的衣服一定很好看。"

小丽好奇地打量那件衣服,她平时没穿过这个款式,也不知道合不合适。但售货员一再让她试穿,她想着试试也无妨,于是就拿到试衣间穿上了。小丽穿的时候看了一眼吊牌上的价格是1 300元,超出了她的预算,于是她打算穿出去看一看,推说不合适就脱下来。

售货员笑眯眯地看着小丽从试衣间走出来,赞叹道:"真好看!我就知道这件衣服适合你。"

小丽赶紧走到穿衣镜前,但是左看右看都觉得并不是很好看。于是说:"我怎么觉得不好看呢?"

"那可能是因为你很少穿这个款式,没看习惯。人就是要勇于挑战,就像一个不自信的人,如果能够不断地挑战当众讲话,他慢慢地就敢在台上演讲了。如果永远待在自己的舒适圈里,就永远都没有进步。要是你敢去尝试一下这种新的款式,那就是迈出了自信的第一步。"

"我感觉穿起来有点老气。"小丽有点被售货员说动了,但还是觉得款式不好看。

"你看看这个面料,这可是既贵又舒适的服装面料,很多国际大牌使用的就是这种面料;你看衣服上面镶的珍珠,这也是真正的淡水珍珠,这个直径的珍珠都非常昂贵。你看整体的剪裁,多么地干净利落。亲爱的,你很难再遇到这样显档次的外套了。"

小丽跟随着售货员的讲述摸摸衣服的面料,又摆弄了下珍珠,感觉衣服的面料确实看起来很好,做工也不错,于是一咬牙就买了下来。回到家后,小丽还是很纠结,觉得穿上不好看,既想穿又不想穿,后来这件衣服就被一直挂在衣柜里。

问题分析：

小丽原本并不想买这件衣服,因为衣服贵、穿起来不好看,售货员在说服小丽的过程中也并没有否认这两点,而是偷换了概念。比如小丽认为穿上不好看,售货员就将"不好看"等同于"没看习惯",再进一步延伸到"要勇于挑战、勇敢尝试",甚至把买下这件衣服说成是"迈出自信的第一步"。然后小丽又说出了不好看的原因是穿起来老气,也就是衣服款式的问题。售货员则转移了论题,大谈衣服的面料、装饰、剪裁等,让小丽对款式的关注转移到衣服的面料上,从而被她说服。所以在这里,售货员不仅偷换了概念,还转移了论题。

小丽因为没有意识到售货员在偷换概念、转移论题,忘记了初衷,最后买下了不适合自己的衣服。

【案例】烧开水

小华和小明是邻居,彼此有需要时总是相互帮忙,亲如一家人。

但是自从小华交了女朋友后,由于新女友不喜欢小明,小华和小明的关系就越来越疏远了。小明向小华借尺子,小华明明有却说没有;小明出门串亲戚让小华帮忙照顾下小狗,小华说他女朋友不喜欢小动物拒绝了。

一天晚上,由于忘交天然气费,小华家停气了。不巧的是女友胃病犯了,要吃止痛药,小华只好硬着头皮敲响了小明家的门,准备向小明借电热水壶。

小明从猫眼里看到是小华,等了一会儿才打开门。

小华问:"你有烧水的水壶吗?"

小明答:"有。"

小华道:"那借我烧下开水。"

小明道:"你烧开水还用借水壶吗?水是烧开的就用不着烧了。"

小华道:"那我烧冷水行了吧?"

小明道:"不行啊,我的水壶是烧开水的。"

小华道:"那我烧开水好吗?"

小明道:"水是烧开的就不用烧了。"

…………

问题分析:

在这里,小明由于对小华过去的所作所为心怀芥蒂,因此不想借烧水壶给小华,于是用偷换概念的方式来表明拒绝的态度。当然,从逻辑上来说,偷换概念是违反同一律的,在这里有两个"烧开水"的概念,一个是把水烧开,一个是加热"开水"。在小华试图和小明保持同一个概念,以便顺利借到烧水壶时,小明又对概念进行了偷换,表明了拒绝的态度。

在争论中,人们常常使用偷换概念的方式来进行抬杠。比如甲说:"这个牌子的大米不好,煮的稀饭不够黏。"乙反驳道:"502 黏,你怎么不去挖一勺?"在这里,稀饭的"黏"和 502 的"黏"就有着不同的含义与作用,不能进行替换,否则就出现了偷换概念的逻辑谬误。

【案例】你知道作伪证的结果吗?

小李和小张是多年的好友。

近两年小张炒股挣了钱,开上了豪车,戴上了金表,时不时发朋友圈展示自己新买的东西。

小张很照顾小李,手把手地教小李炒股,但是因为错过了黄金时间,小李没有挣到很多钱。而小张用股市上挣的钱,又进行了投资,资产一直在增加。

朋友们都开始捧着小张,而冷落小李,聚餐时小李想要坐在小张身边都变得困难。小李的心中逐渐感到不平衡,决定要敲诈小张。

小李拿了一张空白的纸,让小张签个名,说自己想做一个手绘相册,上面是朋友们的手绘肖像,下面是朋友们的亲笔签名。小李还跟小张说,害怕他们之间距离越来越远了,以后很难见到小张,所以趁早要签名。小张安慰地拍了拍小李的肩,毫不犹豫地签了名。

过了一段时间,小张收到了法院的传票,原来是小李告了他。小李说,小张欠了他五十万元,他分批以现金方式给了小张,并写下了欠条。

小张瞠目结舌,但小李拿出了欠条,上面是小张的亲笔签名。小张一看那个签名就知道是怎么回事了,于是告知了法官事情的真相。但法院判案要以事实为依据,于是法官让小张提供当时在场的证人。小张回想了一下,当时只有他和小李两个人,并没有第三人在场,于是摇了摇头。

但小李却提供了一名证人。证人是一名目不识丁的老太太,自称全程目睹了小张借钱的过程。经查证,证人老太太和小李并没有亲戚关系,证词似乎可信。小张的律师笑容可掬地询问证人:"老奶奶,小李给你说过作伪证的结果吗?"

老太太说:"当然说过,小李说如果我愿意作证,他赢了官司后就给我五万元。"

问题分析:

在这里,律师询问的"结果"本来指作伪证的后果,也就是要负的法律责任;但老奶奶对法律责任没有概念,她理解的小李告诉她的作伪证的结果就是赢了官司给她五万元。因此才会脱口而出,证明自己知道。

老太太因为混淆了两个"结果"的不同概念,暴露了自己作伪证的事实,在这里犯了混淆概念的逻辑谬误。但正因为老太太出现了这个谬误,也才让小李的诡计被拆穿,小张得以免受损失。

【学点小技巧】

偷换概念或混淆概念的逻辑谬误该如何避免或应对呢? 我们一起来看看下面几个小技巧。

1. 严格遵守"同一律"。同一律是逻辑学四大基本定律之一,它要求我们在同一个思维过程中,对运用着的同一个概念,必须始终保持同一个意义,不能随意改变其意义。例如,在同一个思维过程中,如果我们运用 A 这个概念,就必须从头至尾保持 A 的意义,不能表面上是在运用 A 这个概念,实际上表达的是 A+或 A-的意义。如果我们严格遵守"同一律",就能避免出现偷换概念或者混淆概念的逻辑谬误。

2. 不忘初心,坚持定见。在购物中或者和别人争论的过程中,明确自己想要的是什么,不受别人的想法或说法干扰。比如第一个案例中小丽本来想买的是一件适合自己的衣服,但是衣服穿上身确实不好看,就不符合自己最初的要求。如果她能坚持自己的想法,不好看就坚决不买,就不会买回家一件不适合自己的衣服。

3. 使用别人偷换过的概念,让其发现荒谬之处。例如,在某次选举期间,一个参加竞选的候选人问一位食品商:"我可以得到您的支持吗?"食品商回答:"对不起,我已经答应支持别的候选人了。"

候选人说："这好办。在某些方面，'答应'和'实行'可以是两回事。"食品商说："那么，就按您说的，我非常高兴地'答应'您。"在这里，"答应"本应包含"实行"的意思，不然答应将毫无意义，但候选人为了获得选票，却希望食品商对别人的"答应"不包含"实行"，因此当食品商和候选人的"答应"概念保持一致，"答应"这位候选人时，这个"答应"也毫无意义。

【思考题】

1. 有人认为："如果一款手机没有病毒，那么它就是安全的手机。"请问这里存在什么逻辑谬误？

2. 一个孩子认为，因为他想要玩最新的电子游戏，所以他需要它。这里混淆了什么概念？

09. 大家都这样说/诉诸大众

【学点小知识】

诉诸大众是指以公众或特定团体中大多数人对某一观点的接受为根据，来判定此观点的真理性或可信度，而不管这种观点是否已被予以令人信服的论证。例如，我们在生活中常听到的"大家都这样说""一般不这样认为""众所周知"等，就是一种"诉诸大众"的说法。它不是从证据对观点的支持程度去判定某种观点的可信度，而是以认同某种观点的人数对比来判定它的可信度，因此很不可靠。

生活中，如果思维里面出现了"诉诸大众"的逻辑谬误，我们就容易"随大流"，做出错误的判断；也容易被人误导，做出不正确的决定。

【案例】赶不上的风口

小夏是一个很有才华的女孩,在中学时代就常在校报上发表文章,平时的作文也常被老师当作范文在全班朗读。

小夏在大学时读的是中文系,在中文系里,小夏的文采无疑是出类拔萃的。

大二时,小夏看到身边很多人都在写博客,就让同学帮忙注册一个账号,开始在博客上发表文章。但由于当时写博客的人太多,小夏的文章虽然好,但没有多少浏览量,只有同学们在文章下面留言支持。

大三时,同寝室的小敏告诉小夏,她今天看到几条微博,觉得挺有趣的,让小夏可以尝试着写微博。小夏问:"你们都在写微博了吗?"小敏说没有,她只是看到微博,不知道怎么写。于是小夏还是继续写博客,认为博客至少同学们还可以支持,微博怕是更没人看了。

三年之后,当小夏的身边越来越多的人都在写微博,也有越来越多的文章开始吹捧微博,小夏决定发微博了。不过小夏微博的浏览量并不是太高,而最早开始并且一直坚持写微博的那些人很多已经有了大量粉丝。

后来,小夏又听说微信公众号也可以发文章。这次小夏一听说就注册了账号,但发了第一篇文章后,浏览的人并不多。虽然小夏注册了三个账号,但只有一个账号发了一篇文章,其他的账号都没用过。过了一段时间,公众号平台提醒她如果不更新将收回账号。小夏想:这个平台的用户太少了,身边也没有一个人在用,写的东西根本没人看。于是小夏任由公众号平台收回账号。

两年之后，小夏听说身边越来越多的人用公众号赚到了钱，也有很多人开了课程介绍自己做公众号的成功秘诀，于是小夏赶紧买了一套课程，又重新注册了一个公众号。这时，小夏很心疼自己被收回的三个号，可是也没有办法，于是决心好好经营这唯一的公众号。但刚发了两三篇文章，小夏又看到许多人出来说公众号已经过了红利期，这个时期做公众号不可能再成功了。于是小夏发了几篇文章后又不发了。

又过了两年，小夏听说同学中有人的公众号做得很成功，于是赶紧向同学请教。同学说，他也是两年前开始做公众号的，当时也听到很多人说公众号过了红利期，但是根据他的分析，公众号在某一些领域的内容还比较缺乏，于是他就专注于那一领域，不管数据怎么样，每周都坚持发三篇文章。后来他的公众号粉丝慢慢就积累起来了。

问题分析：

小夏是一个有才华、有进取心的女孩，她也非常幸运，很多次都看到了机会；但她也很遗憾，每次都没能抓住。每当遇到困难犹豫不决时，支持小夏下定决心的，都是多数人的想法、看法，她很容易被大众的说法所左右。小夏所犯的就是"诉诸大众"的逻辑谬误。

机遇往往是稍纵即逝的，敏锐地察觉到机遇的人本来就是少部分人，并且这部分人在察觉到机遇时也未必愿意出来分享，所以小夏很难听到这部分人的声音。因此如果出现了"诉诸大众"的逻辑谬误，就很容易与机遇失之交臂。

【案例】大家都不喜欢你，一定是你的问题

小玲出生于书香世家，家人的学历都很高，家里的柜子里摆的都是书,小玲从小受到了很好的文化熏陶。小玲在上小学和中学时,她的爸爸妈妈都是亲自接送。后来,她考上了外地的重点大学,小玲开启了住校的生活。

大一刚开始没多久,小玲就先后获得了来自许多老师的表扬,因为老师们上课提的问题,小玲都回答得清楚完整;老师们课后布置的作业,小玲也完成得令老师们很满意。尤其是小玲娟秀的字迹,令人赏心悦目。

小玲的性格也很温柔,与人说话时轻声细语,非常有礼貌。

开学一个月后,小玲敏感地察觉到舍友们似乎都不喜欢她。小玲的寝室一共住了四个人,另外三位女生有两位来自同一个地方,因此一进学校就同进同出,十分亲密。另一名女生性格热情主动,很快和这两位女生打成了一片。小玲的性格比较内敛,不喜欢主动与人打交道,再加上一直没住过校,没有合住经验,更不知道怎样主动与人交好,因此只能独来独往。

在小玲被老师们表扬后,寝室的女同学们对她的态度更冷淡了。室友们会在她需要用洗脸池的时候占用洗脸池半天;会在轮到她打扫宿舍的那天带一大堆食物到寝室吃,吃得遍地都是垃圾;会在她晚归时把门反锁,小玲敲门也一直不打开,直到小玲叫来了宿管老师才打开门。

又过了一个月,小玲实在受不了寝室的氛围了,于是向辅导员申请更换寝室。辅导员叫来了小玲寝室的另外三名女同学询问,另外三名女同学则一致回答是小玲的问题,比如总是在别人洗漱的时候才想起洗漱,轮到她扫地的时候就很不情愿,晚上回寝室也比较晚,打扰了她们的睡眠,等等。

辅导员想，另外三个人都认为小玲有问题，不会真的是小玲的问题吧？于是辅导员先让三人回去，并又询问了班上另外几个寝室的室长，有没有人愿意和小玲换寝室。大家都觉得已经相处一段时间了，不想再去适应新的寝室，也不想寝室加入新的成员，于是都拒绝了。

于是辅导员找到小玲，说出她在听了大家的反馈后的想法："大家都不喜欢你，你有没有想过是自己的问题呢？现在没有宿舍愿意让你换过去，你要么还是住原来的宿舍，要么就只能申请搬出去住了。"

小玲非常委屈，只能到外面去租房了。

问题分析：

小玲的辅导员在判断孰是孰非时，是以观点持有人的数量来作为判定依据。小玲说出了自己的想法，小玲的室友们也说出了她们的想法，但因为室友的人数多，小玲的辅导员也没有认真调查事情的真相就简单地作出了判断。这种做法让小玲感到更加孤立无援。

小玲的辅导员就是犯了"诉诸大众"的逻辑谬误。这种谬误如果发生在一个班主任、辅导员、企业管理者身上，就很可能会使受害者受到更大的心理伤害。

【案例】讨人喜欢的儿媳

袁婆婆与丈夫老李是进城务工的农民，两个人都没有稳定的工作，也没有社保，虽然通过辛勤工作攒了一些积蓄，但也仅够为儿子在城里买一套80平方米的住房。

袁婆婆的儿子小李读书时学习成绩不好，早早地就进工厂成为流水线工人，虽然工作踏实，但工资也不高。

在这样的情况下,娶媳妇就成了袁婆婆家的一个大问题。

小李经媒人介绍认识了几个姑娘,大部分都沉默寡言,不喜欢做家务,不太让袁婆婆满意。只有一个姑娘小王虽然体形偏胖,但很会说话,爱招呼人,到袁婆婆家时会主动帮忙做家务,对袁婆婆和老李也非常体贴,常常嘘寒问暖,让袁婆婆一家人很喜欢。

小王和小李结婚后,为了能和小李更相配,小王主动开始减肥,让自己成功瘦身到九十多斤。小王对公公婆婆也关怀备至,常常劝说公公婆婆不要那么辛苦,要注意身体。小李对小王越来越迷恋,在小王成功瘦身后,小李经过父母的同意,把房子进行了过户,并在房产证上只写了小王的名字。袁婆婆夫妻两人对这个儿媳妇十分喜欢,把每个月挣的钱也都放在儿媳小王那里攒着,以显示对她的信任。为了不打扰儿子和儿媳的生活,袁婆婆和老李在外面租了一间房住。

小王对街坊邻居也非常热情,哪家有需要帮忙的事情,小王二话不说就上门帮忙;见面时小王会笑眯眯地主动招呼邻居们,让邻居们充分感受到了什么叫作"远亲不如近邻"。

但有一天小王突然消失了。那天小李从厂里加班回来,一到家发现妻子小王没在家,家里也感觉有些地方不一样,于是他赶紧打电话给妻子,发现妻子手机关机了,接着给远在外省的岳父母手机打电话,发现也关机了。于是小李翻找妻子的证件、家里的存款,发现都不见了。小李给父母打了电话,父母听到小王消失的消息,赶紧到小李家附近寻找。

过了一天,小王依然音讯全无。小区里则流传着许多关于袁婆婆一家人的流言蜚语。原来,早在一周前,小王在和街坊邻居拉家常的时候，就假装不经意地提起小李爸爸妈妈对自己的各种挑剔。

这时袁婆婆一家人才意识到被小王骗了，于是赶紧报警。但警方调查时发现，周围邻居没有一个人相信小王是骗子，都觉得袁婆婆一家人肯定是对小王不好，把小王给气走了，反而对他们指指点点。

问题分析：

袁婆婆的儿媳小王对小区邻居舆论的利用，就是"诉诸大众"。袁婆婆的儿子在对自己的妻子知之甚少的情况下，因为受到周围人一致好评的影响，在房产证上只写了小王的名字；袁婆婆夫妻也因为小王营造出来的假象而把所有的积蓄都交给小王管理。他们的判断都受到了周围人看法的影响，做出的决定并非基于对小王的长期而认真的考察，因此也给自己造成了很大的损失。

【案例】举手表决

东骏公司的总经理是一个缺少主见的人，每一次面临选择的时候都喜欢用少数服从多数的方式来做决定。

最近市场部敏锐地察觉到有一款软件的市场需求特别大，但目前市场上提供类似服务的小程序或软件的质量都不太高，于是建议让研发部门进行这个软件的开发。其实，东骏公司在类似软件的开发上很有经验，完全有能力开发。

但当研发部门的员工得知市场部的计划后，都感到非常苦恼，因为他们已经很久没有好好休息过了。一款新软件的上线，谈何容易，需要牺牲研发人员许多正常的休假时间，甚至会让他们连续很长一段时间熬夜加班。

尤其是研发部的总监李明，他已经很久没有陪伴家人了。他们近期刚刚完成一个研发项目,本想着终于可以休息一段时间了,实在不愿意马上又投入研发。

于是研发部私下合计,联合其他部门一起为这个新项目投反对票。研发总监人缘好,请除市场部的几个部门总监聊天后,就得到了大家反对开发新项目的保证。

在公司领导会议上,市场部总监张华提出了研发新软件的建议,总经理听完张华对市场需求与市场供应情况的分析,觉得还不错,于是就问研发部总监李明的意见,李明则提出了不同的想法,说之所以市场上提供类似服务的软件质量都不太高,是因为技术上存在障碍,想要克服这个障碍,就需要投入很多资金,而且也不一定能克服,有可能最后竹篮打水一场空,还耽误了研发和维护其他软件的时间。总经理也觉得有道理,于是又问其他几个部门的领导。另外几个总监都事先和研发部总监沟通好了,于是都支持研发部总监的意见。

总经理看着大家都那么支持研发部总监,说明研发部总监的说法更有道理,于是否决了市场部总监的提议。

问题分析:

在这个案例中,总经理判断对错的标准来自大家对某一项说法的支持率,这就犯了"诉诸大众"的逻辑谬误。某一个项目能否取得成功需要听取各部门的意见,但在听取意见后应该由总经理综合意见,并在进一步调查了解后再做出审慎的决断,而不是以少数服从多数的方式来做决定。比如,人事部对招人、用人比较擅长,但对市场和研发不一定了解;财务部对企业收支比其他部门清楚,但对市场和研发不一定了解。部门领导的情感倾向性、开会时双方陈词时的气场、部门领导对项目本身的认知情况都可能影响投票的结果,这就造成最终的结果不太客观。

【学点小技巧】

"诉诸大众"的逻辑谬误可能会误导我们的决策过程。为了避免或应对这种逻辑谬误,以下提供一些实用的小技巧:

1. 学会独立思考。"诉诸大众"不一定都是错的,比如品牌或店铺的口碑,对于我们选择购买的商品或服务就有很大的参考作用。但大多数情况下,我们都需要进行独立思考,比如对待机会、对待他人的态度,以及日常生活中所做的各种选择,都需要我们运用自己的思考力和判断力,来进行分析和作出决定。如果无法独立思考,就会被别人影响,甚至被人利用。如果对思考的结果心怀疑惑,那我们就应该学会自己去进行验证,比如对一个人的品格产生怀疑时,我们可以用自己的眼睛多观察,而不是人云亦云。

2. 提高自己的认知水平。很多人不敢相信自己的判断,可能是从小就生长在被打压或被否定的环境中,也有可能是由于认知水平不够,经常会做出错误的判断。无论是哪一种情况,提高自己的认知水平都非常重要。如果我们对于一个新生事物的判断,没有成功或失败的经验可供借鉴,这个时候就需要运用自己的知识和见识来做出判断。例如对于比特币,其实大部分人都看不懂,因此能把握住机会的也只能是少部分的人。

3. 培养责任心,敢于承担决策错误的后果。很多人,尤其是管理者喜欢"诉诸大众",是因为害怕承担自己独立做出决断带来的后果。我们首先应该明确自己才是自己人生的第一责任人,是自己所管理的团队的第一责任人,即使是"诉诸大众"所作出的错误决定,其后果也必须由我们自己承担。即使嘴上可以责怪埋怨别人,但责任却无法让别人分担。正因为别人不用为我们的人生与所管理的组织所作出的决定承担责任,所以别人没必要认真对待,而由于我们是第一责任人,所以我们必须运用自己的全部才能来进行决断。

4. 只关注事情本身,不受无关因素干扰。美国心理学家阿希有一个著名的实验,该实验将大学生被试者分成每组七人的小组,其中每组的前六人为实验的内部人员。实验中,所有组员被要求回答一个简单的问题,且按顺序作答。前六名实验人员故意给出错误答案,目的是观察第七名真正被试者的反应。结果显示,在真正的被试者中,至少有 75% 的人因受到前面六人的错误答案的影响而作出了错误的选择。实验题目本身非常简单,几乎所有的大学生都能正确回答。但是,在他人错误答案的影响下,即便是原本能够确定的问题,也变得不那么确定了,导致许多人最终选择了错误答案。

这个现象在日常生活中的选择上也同样存在。许多选择本质上并不复杂,如果我们只关注问题本身,通常能够做出正确判断。然而,当受到他人尤其是多数人的误导时,我们可能会改变初衷。因此,面对问题,我们应该坚持只关注问题本身,避免被无关因素所干扰。

【思考题】

1. 在团队中,大多数人同意某个决策,其他人是否应该跟随,即使他们有疑虑或反对意见?

2. 大多数人都认为某种流行的饮食习惯是健康的。这是否意味着这种饮食习惯就一定科学有效?

10. 孔子说要以德报怨/诉诸权威

【学点小知识】

诉诸权威是指在论证中用权威的言论代替逻辑的论证而产生的相关性谬误。如果权威人士在其专业领域内,针对相关话题提供了及时、恰当并符合当前情况的意见,那么这样的意见可以成为一个有说服力的论据。然而,如果权威人士表达的观点并不是出自其专业领域,或者他们的意见被不恰当地、刻板地应用,没有考虑到时间、地点和具体情况的变化,那么就会产生诉诸权威的逻辑谬误。在日常生活中,我们经常听到类似"某位专家这样认为""我父亲说过""老师说过"等说法。如果我们仅仅因为这些受到我们尊敬或让我们畏惧的人说过这些话,就将其视为不可辩驳的真理,这就是"以人为据"的逻辑谬误,即诉诸权威的体现。

接下来,让我们通过一些案例来探讨诉诸权威的逻辑谬误在现实生活中的常见表现形式,以及如何应对这种谬误。

【案例】我妈说的都是对的

小周出身于单亲家庭,小周的妈妈一个人把小周拉扯大,母子两人相依为命。小周的妈妈非常能干,经营着一家不小的餐馆,由于做生意免不了会遇到很多难缠的、不讲理的顾客,小周的妈妈也磨炼出了不怕事的性格。随着餐馆规模的扩大,小周妈妈管的人越来越多,做事风格也变得越来越雷厉风行、说一不二。

小周从小在妈妈的照顾下长大,亲眼见到妈妈怎样应对突发事件和管理下属,对妈妈充满了敬佩和崇拜。在小周的眼里,妈妈做的事都是对的,说的话的都是真理。

小周考大学时,别的同学选学校、选专业都是根据自己的想法或参考班主任的建议进行选择,小周则完全听从妈妈的意见,报考了一个离家很近的二本学校,选了餐饮管理专业。其实根据小周的成绩,上一个 211 大学的热门专业是完全没有问题的,但小周觉得妈妈让他报考的学校,肯定是为了自己的前途着想,如果他不听妈妈的意见报考了别的学校,那就是一种冒险,他不想冒险,也不敢冒险。

在大学期间,小周对同学小云产生了感情,小云也对性格温和的小周抱有好感,两人自然而然地开始了恋爱。然而,当小周的妈妈得知这段恋情后,她担心恋爱会分散小周的学习精力,因此坚决反对这段关系,并要求小周与小云断绝交往。面对母亲的坚决态度,小周无奈地向小云提出了分手。这段经历让小周在大学的剩余时间里,乃至毕业后的很长一段时间内,都不敢再次谈恋爱。

小周毕业后进入了妈妈的餐饮管理公司,因为没什么主见,学到的知识也没能派上用场,所做的工作和餐饮管理没有什么联系,名义上是他妈妈的助理,实际上只做了文员的工作。

工作三年后,见小周不着急恋爱,他的妈妈为他张罗起了相亲。因为家境优越,小周的性格又不强势,看得上小周的姑娘比较多。但小周的妈妈比较挑剔,她为小周一一把关,最后选了一个性格温柔、父母都是机关单位的女孩小乐做儿媳。小周倒是对找老婆没有任何想法,他觉得只要妈妈同意就行了。

结婚后,小周妈妈要求小周夫妻依然和她住在一起,并且对小周夫妻的生活的方方面面都进行了干预。比如什么时候起床,什么时候睡觉,什么时候看电视,什么时候吃饭,每天的饭菜应该如何搭配,甚至家里的洗衣粉、香皂、洗手液应该用什么牌子都有严格的规定。

小周倒是习以为常,但小周的妻子小乐却无法适应。小乐的父母都是知识分子,家庭氛围比较民主,从小就很尊重小乐的想法,因此小乐虽然知书达理、性格温柔,但是很有主见,不喜欢按照别人的想法来生活。

相处时间长了,小乐和小周的妈妈之间就爆发了很多冲突。每次产生冲突,小周都站在妈妈这一边。在他的心中,妈妈做的一切安排都是有道理的,小乐则是跟她妈妈对着干。小乐对小周的态度无比失望,再加上在这个家里待着感觉非常窒息,于是一气之下就回娘家了。

小周的妈妈不许小周和小乐联系,让小乐自己主动回来。小周也对小乐的做法很生气,并且也不敢背着妈妈和小乐联系,就这样僵持着,直到小乐家里寄来了离婚协议书。小周的妈妈从来不愿受任何人威胁,让儿子立刻在离婚协议书上签字寄回去,小周就这样离婚了。

问题分析:

在小周的内心深处,他将母亲视作不可动摇的权威。对他来说,母亲的每一句话都等同于不可置疑的真理。小周从未对母亲的观点进行过独立思考,总是毫无保留地全盘接受,并且严格按照母亲的意愿行事。这种不加辨析地接受权威观点的做法,正是逻辑学中所说的"诉诸权威"谬误。这种错误的思维方式,导致小周在生活中缺乏自主性和独立性,他的人生选择完全受制于母亲的意见,就像一个被提线操控的木偶,没有自我决策的能力。

【案例】跟着偶像买就对了

小王的偶像是一位明星,名叫娜娜。这位明星的人生经历非常励志,出演过的都是一些非常讨喜的角色,并且这些角色还往往特别有智谋、会决断。

这几年,娜娜的年龄越来越大了,再加上演艺圈竞争激烈,娜娜基本处于无戏可拍的状态,于是开始做起了直播。

娜娜每晚八点开始直播,小王基本从七点半就开始在直播平台上等候,等着娜娜出现时,就一直和娜娜互动。如果有人在评论区发表了诋毁娜娜的言论,小王就赶紧跳出来维护娜娜,和对方吵架。

娜娜在直播间里主推的是一款白酒,娜娜引用了很多古人的诗句和"专家"的论述,说明喝酒对身体有非常多的好处,认为喝酒还能让人看起来更有才气、更肆意洒脱,喝酒的人也更会应酬、情商更高。娜娜还介绍这款酒的品质非常好,虽然品牌不太知名,但不仅是纯粮酿造,而且窖藏了五十年。

小王虽然不喝酒,但听娜娜把喝酒说得那么好,于是赶紧下单买一瓶到家中慢慢学喝酒。小王还给亲戚朋友们都订购了这一款酒,给他们介绍这是一款纯粮酿造、窖藏五十年的老酒,让他们以后应酬都可以到娜娜的直播间订购。

小王有个亲戚正好是个特别喜欢喝酒的人,刚刚收到这款酒的时候非常开心,赶紧打开来尝尝。但根据他的品酒心得,小王送的这个酒绝对不是窖藏五十年的老酒,酿造的原料与技术也不太好,难怪这个牌子听都没听过。小王的亲戚把自己得出的结论告诉小王,谁知小王不仅不相信,还把这位亲戚给拉进了黑名单。

问题分析：

在这个案例中，娜娜出演过的角色和娜娜的人生经历，让娜娜在小王的心中就成了一个"权威"。出于对"权威"的信任，以及偶像滤镜的加持，小王认为娜娜说的话就等同于真理，是不允许任何人有半分质疑的。

但娜娜毕竟是一个演艺明星，小王对她的了解仅限于在银幕上和直播间里，他所看到的娜娜都是"娜娜"在镜头前的形象，至于生活中的娜娜究竟是一个什么人，人品、学识究竟如何，他是没有办法了解的。所以娜娜对这款酒的评价，究竟是深入调查了解，以及自己亲自品尝之后得出的权威结论，还是为了利益而做的虚假宣传，小王也是没有办法确定的。

在没办法确定真假的情况下，小王仅因为说话人的身份差异，选择了相信娜娜的话而非自己的亲戚的话，这就是一种"诉诸权威"的表现。

【案例】亚里士多德的遭遇

有一个故事是这样的：

据说因为亚里士多德的卓越贡献，他获得了一次机会，可以看看多年以后的世界。

亚里士多德穿越到了后世，而他也正好"目睹"了一场争论。

当时伽利略提出："取两块任何物质做的物体——一块轻，一块重，如果你将它们一块儿往下扔，它们会一块儿着地。"

很多人马上站出来反对，说这是不可能的。

伽利略于是在比萨斜塔上做了一个实验，实验结果是两个不同重量的球确实同时落地。

反对的人中有一部分依然不相信,他们说:"亚里士多德说过,'重的物体落地快,轻的物体落地慢'。莫非你觉得你比亚里士多德更正确?"

亚里士多德感觉有点尴尬,只好离开了这个地方。他继续穿越,看到一个人正在做人体解剖,另一个人在旁边观看。他很感兴趣,于是停了下来。

解剖完毕,解剖的人对另一人说:"你之前不相信人的神经是在大脑中会合的,这下亲眼看见了,你总该相信了吧?"

另一人摇摇头,说:"你使我清楚明白地看到了这一切,如果不是亚里士多德在他的著作里提出过相反的说法,即神经是从心脏中产生出来的,那我一定会承认这是真理。"

解剖的人和亚里士多德同时都愣住了。

问题分析:

亚里士多德是古希腊伟大的哲学家、科学家和教育家,是希腊哲学的集大成者。亚里士多德有一句名言:"吾爱吾师,吾更爱真理。"可见他是一位非常反对诉诸权威的人。但他却不幸被后世的人以"诉诸权威"的方式当作武器,去攻击真理和追求真理的人。很多人都将亚里士多德的话奉为真理,而全然不顾眼前的真相。相信即使是亚里士多德在世,也不愿意看到这样的情况。

【案例】孔子说要以德报怨

小周是一个特别喜欢引经据典的人,他如果没能在一段话里带上一两句名人名言,就觉得这话像是没有说一样,自己也特别没有存在感。

比如在朋友小张被同事欺负的时候,小周就会跑过去安慰道:

"孔子说，要'以德报怨'，你可不能往心里去，同事欺负了你，你要对他抱有感恩之心，他这是在磨炼你，帮助你成长。"

在书店遇到老同学小芳时，小周则刻意走到小芳的旁边，"不经意"地感叹一句："'吾生也有涯，而知也无涯。'庄子说得真好，我得更加努力地学习啊！"

在几位同事正在为企划案愁眉不展，相约出去寻找灵感时，小周赶紧阻拦："爱迪生曾经说过，'天才是 1% 的灵感加 99% 的汗水。'我要是你们啊，我就老老实实在公司赶计划，说不定写着写着就不小心写完了。"

小周的妹妹遇事总是犹豫不决，错过了很多机会。这一天，小周的妹妹又因为考虑太多而在校招中错过了一个岗位。这个岗位待遇优厚，并且离家特别近，工作环境也比较好。可惜正在小周的妹妹观望的时候，同学先她一步和对方签约了。小周的爸爸妈妈都劝说女儿不要再这么优柔寡断了，以后遇到好的机会一定要尽早做出决断。小周却提出了不同的看法，他对妹妹说："妹妹，你是对的，别听爸爸妈妈的话。孔子曾经说过'三思而后行'，做什么事都要多考虑几次。"

问题分析：

在这个案例中，小周引用的几句话都曲解了古人的意思。

"以德报怨"并不是孔子说的，《论语》中的原话是"'以德报怨，何如？'子曰：'何以报德？以直报怨，以德报怨。'"意思是：有人问孔子，"如果用恩德来回报怨仇，行不行呢？"孔子说："这样的话，你将用什么来报答别人对你的恩德呢？不如以公正对待怨仇，以恩德报答恩德。"

"吾生也有涯，而知也无涯"的确是庄子所说，但小周断章取义了。庄子原话是:"吾生也有涯,而知也无涯,以有涯随无涯,殆已。"意思是:生命有限,知识却无限,用有限的人生追求无限的知识,是必然会失败的。庄子是一个主张清静无为、顺其自然的人,包括在知识的追求上也秉承着"清静无为、顺其自然"。

"天才是1%的灵感加99%的汗水"的后面也还有半句话:"但那1%的灵感是最重要的,甚至比99%的汗水都重要。"因此爱迪生认为灵感是非常重要的。

"三思而后行"也不符合孔子的意思。《论语》中原文是这样的:"季文子三思而后行。子闻之曰:'再,斯可矣。'"意思是:季文子每做一件事都要考虑很多次。孔子知道后说,考虑两次就够了。所以孔子也是反对想得太多的。

小周通过有意或无意地曲解权威人物原来的意思,来证明自己的观点,也是一种典型的"诉诸权威"的逻辑谬误。

【**学点小技巧**】

通过上述案例,我们可以看出"诉诸权威"的逻辑谬误在我们的日常生活中相当普遍。为了避免或应对这种谬误,以下提供一些实用的小技巧。

1. 我们需要意识到,即便是权威人士,他们的认识和观点也受限于特定的时代背景和个人经验。因此,他们的言论并不总能代表绝对真理,需要我们进行仔细地辨别和分析。权威人士在其专业领域内的意见可能极具价值,但在非专业领域,他们的看法与普通人无异。

以历史人物李煜为例,他在文学创作,尤其是吟诗作赋方面才华横溢,但在治理国家方面,哪怕他贵为皇帝,其见解并不一定比一位乡村老农更为高明。特别是在农业耕作方面,老农的建议就更加实用和可靠了。

2. 认识到即使是权威人士，也会受到利益的影响，而说出一些他们自己内心都不一定认同的话。比如电风扇行业的翘楚，可能会列举出空调的一大堆问题；洗衣液的生产厂家，也会特别关注洗衣粉的缺点。专家即使是某领域的权威，但如果受到了某种"资助"，也可能会在言论中出现某种倾向性。明星代言、直播带货就更加具有利益的性质，他们所说的话甚至可能是相关商家写好的文案，并非他们自己的心声。

3. 引用权威人士的言论前，一定要找到原话，了解他们说话的语境。如果我们是把权威人士的话当作论据使用，那这个论据一定是能支撑我们的论点的。如果我们对权威人士的话断章取义，甚至完全曲解了，那不仅不能证明我们的观点，甚至会极大地削弱我们的观点。

【思考题】

1. 一位著名教育学家认为，所有学生都应该学习拉丁语。这是否意味着拉丁语对每个学生的未来都是必要的？

2. 小丽声称她推荐的减肥药非常有效，因为她的一个亲戚是知名医生，并且告诉她这个药很好用。小丽的说法是否有说服力？

11. 不知道就是不存在/诉诸无知

【学点小知识】

诉诸无知是指人们对事物或事实真假的判断，是根据知道或者不知道为标准来做出的。即因为无法证明某事物或事实是假的，所以它是真的;或认为某事物或事实是假的,是因为无法证明它是真的。比如"鬼是存在的,因为没有人能证明它不存在。"又比如"鬼是不存在的,因为没有人能证明它存在。"按照"诉诸无知"这样的逻辑,同一事物或事实可以得出完全相反的结论。由此可见,"诉诸无知"是一种逻辑谬误,这种论证方式是无法用来证明真假的。在日常生活中,"诉诸无知"这种逻辑谬误是非常容易出现的,只是有时比较隐蔽,我们可能不容易识别。下面我们结合几个案例来做进一步了解。

【案例】我没看到过,所以说什么我也不信

小敏出生在一个温暖富足的家庭,父母感情非常好,邻里、亲戚之间也非常和睦。由于小敏长得非常可爱,周围人对她都非常和善又包容。

小敏高中毕业后,考入了省会城市的一所大学。大学里的室友来自天南海北,有的家境殷实,有的家境贫寒;有的性格张扬,有的性格内敛。

一天晚上,小敏从图书馆看完书回宿舍,听见室友们正在讨论女生在外保护自己的方法,小敏刚听了几句,就感觉无比震惊。

室友小莎说,她有一次在地铁上看到一个男人故意站在穿裙子的女生后面,原来他的鞋子上装了针孔摄像头,后来他被抓了,警察在他的手机里发现了好多偷拍的照片。小莎让室友们一定要警惕公共场合靠近自己的陌生男子。

室友小莉说,据说全是庄稼的宽广平原和工地都特别危险,女生尽量不要单独一人从旁边经过,特别是天色比较暗的时候。

室友小芸说,还要警惕主动提出帮助的中年男子,一定不要单独和他们出去，不要喝陌生人给的酒水。无事献殷勤，非奸即盗……

小敏觉得室友们一定是电视剧和小说看太多了，都有点神经质了。她就从来没有遇到过这样的男人，她的身边也没有发生过这些事。所以小敏既没有参加讨论，也听不下去室友们的讨论，一个人边听着轻音乐边看书。

大四的时候，小敏去了一个软件公司的市场部实习。她跟着市场部副总与一个餐饮企业的领导谈合作。这家餐饮企业是一家连锁企业，如果能使用小敏公司的软件，小敏公司每年都可以有一笔相当可观的收入。餐饮企业的这位领导一直夸小敏漂亮大方，小敏的领导也让小敏与这位餐饮企业领导多交流。小敏虽然不会喝酒，但基于对工作的责任心和对领导的信任，她还是硬着头皮喝了一点酒。因为是第一次喝酒，小敏只喝了一口就咳嗽起来，这时餐饮企业领导适时递来一杯水，小敏感激地喝了下去。

片刻之后，小敏的领导接到了一个电话，着急回公司处理事情，让小敏陪餐饮企业领导再聊一会儿，并说过会儿就回来。小敏虽然不知道该和餐饮企业领导聊什么，但因为合同还没签下来，自己不好意思就这样走了，于是没有反对。小敏的领导出了包厢就把门关上了，小敏和餐饮企业领导都听到了门反锁的声音。小敏虽然心中不解，但也没多想。餐饮企业领导则上下打量着小敏，坐到了小敏的身边来，把小敏的手握到了自己手里。一种不适感油然而生，小敏下意识地跳开来，但头却感到一阵眩晕，差点摔倒在地，小敏赶紧去开门，幸好这个包厢的门正好坏了，本来就是反锁不上的。小敏打开了门，跌跌撞撞地跑了。

问题分析：

小敏由于成长在一个相对单纯的环境中，未曾遭遇过对女性有不良企图的人，因此她形成了一种观念，认为所有的异性都是正直和诚实的。尽管宿舍里其他女孩分享了她们了解到或遭遇过不怀好意的男性的经历，并相互提醒要小心防范，小敏却因为个人未曾经历过，而对室友们的提醒持怀疑态度，拒绝相信这些分享的真实性。小敏的这种思维方式实际上陷入了"诉诸无知"的逻辑谬误——她以自己未见过为由，从内心否定了室友们的真实经历，认为她们的说法不成立。

这种仅基于个人经验而得出的结论是极其不可靠的，因为它忽略了大量她个人未曾接触过的可能性。小敏的这种逻辑谬误让她陷入危险。

【案例】你不能证明你们没有关系，那你们就是有关系

小林长相清秀、工作认真，刚进入一家服装公司担任人事专员。

这家服装公司规模不大，人事部有一名男经理，比小林大五岁左右；除小林外，还有三名人事专员，都是二三十岁的女孩子。

人事部的这三名女同事性格都比较外向，特别喜欢聚在一起聊天，小林想参与进去，却总是受到冷遇。慢慢地，小林习惯了独来独往。

但小林在工作上从不推脱，面试求职者时落落大方、思路清晰，总能为公司招到合适的员工。小林办理入职手续也绝不拖延，对新员工的工作和生活都关怀备至，让新入职者很快就适应了工作。人事经理小张因此对小林非常信任，经常把一些重要的事情安排给她做，并且常常在员工大会上肯定小林的付出，表扬小林的成绩。

没想到，公司里慢慢传出了小林和经理小张关系暧昧的流言。这些谣言起初是由人事部的三位女同事散播的。她们对小林和小张在工作场合的正常互动进行了夸大和曲解，并且凭空捏造了一些子虚乌有的情节，慢慢地，她们自己都相信那是真的了。她们甚至义愤填膺地反映到总经理那里，要求解雇小林，以免影响人事部工作的正常运行。

这家服装公司是禁止员工内部谈恋爱的，一旦发现就会逼迫其中一人离职。人事部的员工对这一规定很清楚。

总经理把小林和小张叫到办公室，把三名"证人"也都一同叫来，当面调查传言是否属实。

小林和小张说他们从来没有一起吃过饭、逛过街，只因为工作需要一起出过差。三名女同事说："那你们如何证明出差的路上没有一起吃过饭、逛过街呢？"

小林和小张都陷入了自证困难。

三名女同事则乘胜追击："你们不能证明你们之间没有关系，那你们就是有关系。"

总经理也觉得有点道理，于是暗示小林主动离职，并对小张作了一次口头警告。

问题分析：

"你不能证明你们没有关系，那你们就是有关系。"这就是一种"诉诸无知"。用没有证据证明事情没有发生，当作事情必然发生的证据，显然是非常荒谬的。人是很难证明自己没有做过的事情的，除非每天处于二十四小时无死角的监控下。因此这种论证方式就是一种诡辩，是一种强词夺理。小林和小张始终想着证明自己，就落入了同事的圈套,反而让自己含冤莫白。总经理也是只看哪一方"振振有词",哪一方"哑口无言",来作为自己信任哪一方的根据,没有去分析"振振有词"的人的逻辑是否站得住脚,结果让公司失去了一位认真负责的员工,也让另一名管理人员蒙受了冤屈。

【案例】你有证据证明我借了钱吗?

小赵儿时的朋友小袁去年来到了小赵的城市。小赵记得小时候自己家境不好,并且身材瘦弱,因此总是被人欺负。有一次小赵正被高年级同学堵在路上勒索时,小袁出现了,大吼一声把高年级同学吓走了。

在这之后,小赵和小袁成了一对好朋友,上学/放学路上经常一起走。

小赵胆子小,但踏实勤奋;小袁胆子大,但喜欢冒险。

小赵小学和初中都和小袁是同班同学,但初中毕业后,由于小袁没考上高中出去打工了,小赵就再也没有见过小袁。

去年春节,小赵在老家又见到了小袁。小赵感激小袁当年对自己的帮助,于是主动与小袁攀谈了起来。他们聊起了近况。小赵毫无保留地告诉小袁自己现在工作比较顺利,也有了一些积蓄,准备明年就买房;小袁则说自己找不到合适的工作,钱又用光了,过年后真不知道该怎么办。

小赵对小袁的处境感到十分同情,并主动提出帮助。他建议小袁可以考虑来自己所在的城市寻找发展机会,并暂住在自己租住的房屋中,以便有更多的时间和精力去寻找合适的工作。小袁对小赵的提议和慷慨帮助表示了感激。于是春节过后不久,小袁便收拾行囊,搬入了小赵租住的房屋。

起初小袁还早出晚归地出去找工作，但屡次碰壁后就成天待在小赵的住处了。小袁的吃和住都被小赵包了，还经常向小赵借钱。小赵感念小袁曾经的恩情，出于对小袁的信任，从来不打欠条。小袁也承诺找到工作后会慢慢还给小赵。半年下来，小袁陆陆续续向小赵借了五万多元。

小赵的收入本来就不算多，这半年由于小袁住在他那里，他的支出就多出了一两万，再加上小袁借的五万多元，他慢慢感到有点入不敷出了。自己的买房计划怕是要泡汤。

于是小赵鼓起勇气向小袁提出让他还钱。谁知一提还钱小袁就翻脸，说小赵诬赖他，他根本就没借过小赵一分钱。小赵大吃一惊，他没想到小袁可以睁着眼睛说瞎话。既然也撕破脸了，小赵也强硬地让小袁必须还钱，小袁则让小赵拿出自己借钱的证据。

由于每次小赵借钱给小袁都没有打欠条，并且经常都是拿现金，即使是微信或支付宝转账也没有关于借钱的聊天记录。小赵确实没办法证明小袁向自己借了钱。

小袁表示小赵如果想赶他走就直说，不要诬赖他，如果再听到小赵对谁说自己借了他的钱，就告他诽谤，让他赔精神损失费。

问题分析：

在这个案例中，尽管小赵确实借钱给了小袁，但由于小赵拿不出确凿的证据来证明这笔借款的事实——包括小袁确实向他借钱的行为以及具体的借款金额——小袁就利用这一点来辩称小赵从未借过钱给他。小袁的这种说法实际上犯了"诉诸无知"的逻辑谬误。"没有证据"是不能证明"没有发生"的，当然，"没有证据"也不能证明"发生"了。

从法律上来说,小赵没办法证明小袁借了自己的钱,因此法院不会支持他让小袁还钱的诉求。但这样的判决并不是说明法院认为小赵一定没有借钱给小袁,而是由于借钱一事没办法证实,因此也没办法对小袁是否借了钱作出判定。

【案例】钱能解决所有的事

小孙出生于商人家庭,非常相信财富的力量。

小时候,只要小孙闯祸,爸爸总是用钱来解决问题。在消费场合,小孙的家人总是能用更多的钱买到更好的服务。

学生时代,小孙没有任何学习的动力,也体会不到学习的乐趣,因为老师们的那些奖励在他眼里都太廉价了。小孙的初中班主任曾试图劝说小孙努力学习。她对小孙说:"老师知道你家里有钱,不需要你去创造财富,但是这个世上有很多东西是钱买不来的。比如你以后如果不想经商,而是想考公务员,或者想当科学家、作家,这都是用钱没办法做到的。知识可以帮你更好地管理财富。"

小孙不以为意,他不相信会有钱做不到的事。他认为,知识是可以用钱买到的,即使他没有知识,他也可以雇佣一个有知识的人代替他做事。

对于教科书上的不为金钱所动的英雄人物的事迹,小孙也觉得非常虚假,认为是胡编乱造。他还和同桌说:"这个作者又不是这个人肚子里的蛔虫,怎么知道他就是这样想的呢?万一是因为钱不够多呢?"

初中毕业后,小孙的成绩太差,没有考上高中,家里花了很多钱让他上了私立学校的高中。小孙高中读完,没有考上大学,家里又给小孙花钱上了私立大学。

大学毕业后，小孙的爸爸知道小孙不是做生意的料，本来想让小孙考公务员，有个稳定的工作，但小孙考了三四年都没考上。他爸爸也想了很多办法，但有钱也一样要通过考试才能当公务员。

小孙的爸爸最后没办法只好让小孙回家帮忙打理生意。但小孙实在是储备的知识太少，又不能吃苦，只能挂个名。

几年后，小孙的爸爸因为操劳过度，突发心脏病去世了。小孙接下了家业，全权交给之前的管理人员打理。结果很快被告知公司亏空，要宣布破产，并且还欠下了一堆债务，小孙的银行卡也被冻结了。

小孙这时才明白老师的话的真正含义。

问题分析：

在这个案例中，小孙由于长期被财富包围，相信没有钱办不到的事。所以对于老师的教诲，以及书上的英雄人物都持否定的态度。直到用钱买不到稳定的工作、用钱买不来知识后，小孙才意识到老师之前所说的是真的。

小孙对未亲身经历或见证的事物持有彻底的怀疑态度，并武断地认为这些不可能是真实的。这就陷入了"诉诸无知"的逻辑谬误。由于这种思维模式，他无法倾听和接受与自己现有观点相异的声音，一味地坚持自己的看法，这种固执的态度使他的人生走向不幸。

【学点小技巧】

既然"诉诸无知"的逻辑谬误会对我们的人生造成这么大的影响。那么，我们应该如何避免或应对它呢？

1. 注意区分"可能"和"必然"。一个命题没有被证明为真，并不意味着它一定是假的，只能说明还未找到充分的证据。没有被证明是假的,也不意味着一定是真的,只是表明没有找到与该命题不符的证据。因此在没有充分的证据能证明真假之前,真和假都是可能的,而不是必然的。如果错误地将可能的情况当作必然的情况,就会造成判断失误。比如第一个案例中的小敏,虽然没有见到过不怀好意的男性,但如果听到室友们的讨论后,明白在自己没有见到过的世界里,也可能会有其他情况发生,以谨慎的态度对待自己不确定的事实,也许就能更好地做出防范,避免危险的发生。

2. 理解证明的责任在于提出主张的一方,而不是反驳方。谁主张,谁举证。如果对方使用"诉诸无知"的论证方式来对我们进行攻击,那我们也可以采用相同的方式进行回击。比如,如果对方说:"你说自己没撒谎,能拿出证据吗?"我们就可以反问他/她:"你说我撒谎,能拿出证据吗?"

3. 提高认知水平。有时"诉诸无知"可能是因为真的"无知",这就需要我们通过调查和研究来寻找证据,而非简单地以个人的无知作为判断的依据。即便是文学大家苏轼,如果他因为个人未曾见证便否定一切,同样会遭遇到现实的挑战。苏轼曾因未见过菊花凋谢而质疑王安石的诗作,认为其描述不合常理。在苏轼被调往黄州后,他观看了菊花凋零的景象,从而纠正了他的观点。

4. 注意保留证据。在法律领域,证据的重要性不言而喻,法律不认可"诉诸无知"的逻辑。这意味着,一个人不会因为无法提供证明自己无罪的证据而被判定有罪,这样的原则有助于防止无辜者被错误地定罪。同样地,如果一个人确实犯了罪,但如果缺乏证据证明其犯罪行为,根据法律规定,也不能对其进行定罪。因此,保持谨慎,注意保存相关证据至关重要。

【思考题】

1. 历史书上没有记载关于某个事件的详细信息，所以那个事件肯定没有发生过。这种说法正确吗？

2. 如果科学家还没有找到生命在其他星球上存在的证据，这是否意味着我们可以得出结论：宇宙中除了地球以外没有生命？

|第二章|
如何表达——运用逻辑提高表达力

01. 议员是大骗子/演绎推理之直言命题对当关系

【**学点小知识**】

逻辑推理主要可以分为演绎和非演绎两种。而演绎推理,简单来说,就是从一个大家都认可的一般道理出发,推出某个特定情况下的结论。它可分为很多种类,比如直言推理、假言推理、选言推理和二难推理等。

演绎推理有个共同点,如果前提是正确的,推理步骤也没问题,那么结论就肯定是正确的,这就是演绎推理的"必然性"。

掌握演绎推理的技巧,就能帮助我们避免很多逻辑上的错误,让我们的观点更有说服力。而直言推理,是演绎推理中的基础方法,下面我们就通过一个有趣的案例,来了解一下直言推理是怎么工作的吧!

【**案例**】议员是大骗子

在一次酒宴上,某文豪骂道:"国会中有些议员是大骗子。"议员们极为愤怒,要求某文豪道歉,否则会将他绳之以法。几天后,某文豪在报上发表了《道歉声明》：日前鄙人在酒席上发言，说"国会中的有些议员是大骗子。"事后有人向我兴师问罪，我考虑再三，特此登报声明，把我的话改正如下："国会中有些议员不是大骗子。"

策略分析：

某文豪真的推翻了自己之前的言论，向议员道歉了吗？我们先来了解一下直言推理的相关规则，相信就可以得到答案了。

直言推理是由直言判断组成的推理。直言判断就是断定对象具有或不具有某种性质的判断。如："所有的人都是会死的。""有的人不是商人。"

在逻辑推理中，由于有的直言判断句子很长，为了便于推理，人们就把直言判断各部分做了细分，并用字母进行标记。例如这两个句子：

"所有的 　　 人 　　 都是 　　 会死的。"
（量项） 　（主项 S） 　（联项） 　（谓项 P）
"有的 　　 人 　　 不是 　　 商人。"
（量项） 　（主项 S） 　（联项） 　（谓项 P）

这两个句子中的"所有的"与"有的"在一定程度上表示了数量的范围，被称作"量项"。

这两句中的"人"出现在主语的位置上，并且也是判断的主要对象，被称为"主项"，为了推理方便，用"S"表示。

这两句中的"都是""不是"起到了连接前后成分的作用，被称为"联项"。

这两句中的"会死的""商人"表达了一种判断，被称为"谓项"，用字母"P"表示。

故事中的那句话："国会中有些议员是大骗子。"可整理为规范的直言判断格式："有的国会议员是大骗子。""有的"是量项；"国会议员"是主项，在推理中可以用 S 表示；"是"是联项；"大骗子"是"谓项"，在推理中可以用 P 表示。

接下来，我们再进一步看看某文豪说的这两句话之间的逻辑关系。

在逻辑学中，对当关系是展示不同类型命题之间关系的图示。下面我们就来看看直言命题的对当关系图。

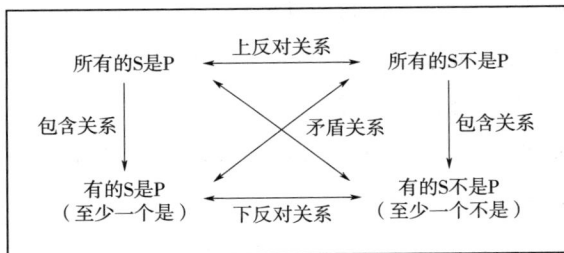

在这里面有四类关系：

一是矛盾关系。矛盾关系的特点是一真一假，在这个图示里，存在矛盾关系的只有两对："所有的 S 是 P"与"有的 S 不是 P"；"所有的 S 不是 P"与"有的 S 是 P"。这两对命题之间的关系是否定一个必须肯定一个，肯定一个必然否定一个，不能同时为真，也不能同时为假。也就是"一个真来另必假，一个假来另必真。"比如"所有的墙壁都是白的"与"有的墙壁不是白的"这两种说法就是矛盾关系，必然有一个是真的，一个是假的。

二是上反对关系。上反对关系的特点是不能同时为真，但可以同时为假。比如"所有的葡萄都是酸的"和"所有的葡萄都不是酸的"就不能同时为真,但可以同时为假,因为有可能有的葡萄是酸的,而有的葡萄不是酸的。

三是下反对关系。下反对关系的特点是不能同时为假,但可以同时为真。比如"有的葡萄是酸的"和"有的葡萄不是酸的"就可以同时为真,但当它们同时为假的时候,就变成了它们的矛盾命题,也就是"所有的葡萄都是酸的"与"所有的葡萄都不是酸的",这两个命题是不能同时为真的。

四是包含关系。包含关系也叫从属关系。上面的判断为真,可推出下面的判断为真;下面的为真却推不出上面为真。比如,"所有的葡萄都是酸的"可推出"有的葡萄是酸的",但"有的葡萄是酸的"却推不出"所有的葡萄都是酸的。"

在深入理解了对当关系的原理和规则之后,让我们再回过头来审视之前的案例。

某文豪在酒宴上所说的"国会中有些议员是大骗子"与《道歉声明》中的"国会中有些议员不是大骗子"是下反对关系,下反对关系的特点是不能同时为假,但可以同时为真,因此某文豪并没有否认自己之前的说法,他依然坚持了己见。

【思考题】

1. 所有的三星级饭店都搜查过了,没有发现犯罪嫌疑人的踪迹。

如果上述断定为真,则在下面四个断定中,可确定为假的是选项 A、B、C、D、E 中的哪一个?

Ⅰ. 没有三星级饭店被搜查过。

Ⅱ. 有的三星级饭店被搜查过了。

Ⅲ. 有的三星级饭店没有被搜查过。

Ⅳ. 犯罪嫌疑人躲藏的饭店已被搜查过。

A. 仅Ⅰ和Ⅱ

B. 仅Ⅰ和Ⅲ

C. 仅Ⅱ和Ⅲ

D. 仅Ⅰ,Ⅲ和Ⅳ

E. Ⅰ,Ⅱ,Ⅲ,Ⅳ

2. 某大会主持人宣布:"此方案没有异议,大家都赞同,通过。"如果以上不是事实,下面哪项必为事实?

A. 大家都不赞同方案。

B. 有少数人赞同方案。

C. 有些人赞同、有些人反对。

D. 至少有人是赞同方案的。

E. 至少有人是反对方案的。

02. 猪是绅士/演绎推理之直言三段论

【学点小知识】

有人将三段论比喻为西方人的"九九乘法表",因为他们认为中国人之所以在数学方面表现优异,掌握"九九乘法表"是其中一个关键原因,相比之下,西方更注重逻辑思维的培养,因此总结出了"三段论"公式,以便让学习逻辑的人们形成一种"肌肉记忆"。尽管"九九乘法表"和"三段论"之间存在许多不同之处,但这种比喻确实能生动地说明"三段论"在逻辑推理中的重要性。

三段论是亚里士多德提出的逻辑系统的基础,他对三段论的定义为:"一段论说,其中已经陈述了某些事实,而其他陈述可以由已知陈述中必然地推导出来。"三段论主要指"直言三段论",是以直言判断为其前提的一种演绎推理,它借助一个共同项,把两个直言判断联系起来,从而得出结论。

三段论的一个经典例子是:

(大前提)所有人都是要死的。

(小前提)苏格拉底是人。

(结论)因此苏格拉底是要死的。

在这个推理过程中,前两个陈述作为前提,第三个陈述是根据这两个前提得出的结论。

根据直言判断的对当关系推理规则,我们知道如果"所有的人都是要死的"这一命题为真,那么可以推出"有的人是要死的"或"某个人是要死的"也为真。而在三段论中,我们通过添加小前提"苏格拉底是人",使得推理过程更加严谨和具体。

三段论在逻辑推理中占有重要地位,是学习逻辑时不可或缺的一部分。

【案例】国王的考验

在一个古老的王国中,有一位智者,他以其智慧和逻辑推理能力而闻名。国王听说了他的名声,决定考验他。

国王对智者说:"如果你能证明你的智慧,我将赐予你最高的荣誉。"

智者回答说:"我将接受你的考验。"

国王提出了一个问题:"请证明:如果一个生物属于人类,那么它必然会经历生老病死的过程。"

智者立刻给出了下面的推理过程。

大前提(普遍性原则):所有人类都会经历生老病死的过程。

小前提(特定性事实):张三是一个人类。

结论(逻辑推论):因此,张三必然会经历生老病死的过程。

智者作出了进一步的解释:根据医学和生物学的知识,所有人类从出生开始就会经历成长、衰老,并最终面临死亡,这是一个普遍接受的事实。张三作为一个具体的人,属于人类的范畴。既然张三是人类,根据大前提,他必然会经历生老病死的过程。

国王满意地点点头。

策略分析:

在这里,智者的证明过程采用的是一个经典的三段论推理模型。三段论的推理模型主要有四种,也称为三段论的四个格。三段论的四个格是亚里士多德在逻辑学中提出的分类,它们是分析和构建有效三段论的框架。了解并掌握三段论的四个格,我们在沟通和辩论中,才能清晰地构建和表达三段论,从而更有效地传达自己的观点,并说服他人。

为了推理方便,人们将三段论的各部分进行了细分,并用字母表示。

在三段论中,联系两个前提的那个共同概念叫作中项,如上面例子中的"人类",它同时出现在大前提和小前提中,按照通常的习惯,用 M 表示中项。

结论中的主项叫作小项,如故事中的"张三",字母表示为 S;谓项叫作大项,如故事中的"会经历生老病死的过程",字母表示为 P。包含了小项的前提叫作小前提;包含了大项的前提叫作大前提。

在三段论中,根据语言描述顺序确定的大前提、小前提和结论中项的位置分布,可以将三段论分为以下四种基本格式,也就是三段论的四个格。这四种格式反映了中项、大项和小项的不同排列情况。

用名称表示为:

	第一格	第二格	第三格	第四格
大前提	中项—大项	大项—中项	中项—大项	大项—中项
小前提	小项—中项	小项—中项	中项—小项	中项—小项
结论	小项—大项	小项—大项	小项—大项	小项—大项

用 S 表示小项,M 表示中项,P 表示大项。用字母表示为:

	第一格	第二格	第三格	第四格
大前提	M—P	P—M	M—P	P—M
小前提	S—M	S—M	M—S	M—S
结论	S—P	S—P	S—P	S—P

可以看出,在这四个格中,结论都是小项在前,大项在后,这些格的主要区别是中项在前提里的不同位置,中项的位置也影响了前提里大小项的位置。

【案例】正义获得了彻底的胜利

一位富翁雇佣了一名律师来为自己辩护,而且事先与法官进行了沟通。因此,律师轻易地取得了胜利。律师非常开心,于是立即给富翁发了一条信息汇报情况,信息上写道:"正义获得了彻底的胜利。"

收到信息后,富翁立即回复说:"上诉至最高法院。"

问题分析:

进行三段论推理之前有一个非常重要的知识点需要了解,那就是一个有效的三段论所必须遵守的八条规则。如果违反了三段论的规则,那么即使前提是真的,结论也可能是假的。而如果不了解三段论的规则,即使意识到自己或别人的推理有问题,结论也很荒谬,也难以有效地调整或反驳。那这八条规则分别是什么呢?

规则一:三段论中只能有三个不同的概念(大项、小项、中项各一个概念)。

在上面这个故事中,由于富翁自认为自己不是正义的一方,因此在接到律师的电报以后认为正义的一方指的是对方,并不是自己。他作出的是这样的推理:

(大前提)正义获得了彻底的胜利;

(小前提)对方代表的是正义;

(结论)所以,对方获得了彻底的胜利。

律师认为胜利的一方就代表着"正义",而富翁认为有理的一方才是"正义",因此大前提中律师电报中的"正义"和富翁认为的"正义"不是同一个概念,在富翁的三段论推理中,出现了四个不同的概念,于是得出了和律师所期待的完全不一样的结论。

同样的推理方式还有:

(大前提)我国的大学是分布于全国各地的;

(小前提)清华大学是我国的大学;

(结论)所以,清华大学是分布于全国各地的。

"我国的大学"这个短语在两个前提中所表示的概念是不同的。在大前提中,它表示的是我国的大学总体,是集合概念;小前提中,它则分别指我国的大学中的某一所大学,是非集合概念。因此虽然两个前提都是真的,但推出的结论是假的。

【案例】猪是绅士

十八世纪著名的科学家富兰克林,有一次十分鄙夷地对客人说:"绅士们都是些能吃、能喝、又能睡,可什么也不干的东西。"这句话被他的仆人听到了。

过了几天,仆人对富兰克林说:"我现在终于明白了,原来猪都是绅士,因为它们都是些能吃、能喝、又能睡,可什么也不干的东西。"

富兰克林听后哈哈大笑。

问题分析:

仆人的这个推理是有问题的,因此结论十分荒谬,惹得富兰克林哈哈大笑。

仆人的推理问题涉及三段论推理规则中的第二条。

规则二:中项在两个前提中至少要周延一次。

还记得"中项"是哪个项吗?"中项"就是既出现在三段论的大前提中,又出现在小前提中,在三段论中连接大小前提的那个项,用字母 M 表示。

这里要补充一下"周延"与"不周延"两个概念的意思。周延是指一个概念的外延范围被全部断定;而"不周延"则指的是概念的外延没有被全部断定。

比如以下四个直言判断:

1."所有的   星星   都是   在天上的。"

  (量项)   (主项周延)   (联项)   (谓项不周延)

2. "有的   星星   是   发光的。"

（量项） （主项不周延） （联项） （谓项不周延）

3. "有的   学生   不是   小学生。"

（量项） （主项不周延） （联项） （谓项周延）

4. "所有的   人   都不是   水果。"

（量项） （主项周延） （联项） （谓项周延）

根据以上几个判断可知：如果量项是"所有的"，那么主项是周延的；如果量项是"有的"，那么主项是不周延的；如果联项是肯定的，那么谓项是不周延的；如果联项是否定的，那么谓项是周延的。因为"所有的"断定了主项的全部情况，"否定"断定了谓项的全部情况。

"中项"指在三段论中连接两个前提的"项"，可以在一个判断的主项的位置，也可以在谓项的位置。但至少要周延一次，这个三段论才是有效的三段论。

仆人的推理可用三段论公式表示为：

（大前提）绅士都是能吃、能喝、又能睡，可什么也不干的东西；

（小前提）猪是能吃、能喝、又能睡，可什么也不干的东西；

（结论）所以，猪是绅士。

在这个三段论里，中项是"能吃、能喝、又能睡，可什么也不干的东西"。根据上面的公式可以看出，中项一次也没有周延，违反了"中项在两个前提中至少要周延一次"的规则，因此推出的结论显得有点荒谬，所以富兰克林听后哈哈大笑。

同样的推理方式还有比如：

（大前提）鸡都是动物；

（小前提）熊猫都是动物；

（结论）鸡都是熊猫。

【案例】吃草的动物都很强壮

小明对小红说："我发现了一个秘密。"

小红问："什么秘密？"

小明回答："吃草的动物都很强壮。"

小红问："为什么你会这样认为呢？"

小明回答："你看牛是不是特别强壮？"

问题分析：

在这个故事中，小明得出的结论"吃草的动物都很强壮"，是不能从前提"牛很强壮"以及隐含前提"牛是吃草的"合理地推出的。因为这个推理过程不符合三段论的规则三。

规则三：在前提中不周延的概念，在结论中不得周延。

在这个故事中，小明的结论是"吃草的动物都很强壮。"也可表述为："所有吃草的动物都是强壮的。"而小明用以推出结论的大前提为："牛都是强壮的。"隐含的小前提为"牛都是吃草的。"因此，小明所进行的推理可整理如下：

（大前提）牛都是强壮的；

（小前提）牛都是吃草的；

（结论）所以，所有吃草的动物都是强壮的。

"吃草的"在前提中是个不周延的概念，但是在结论中周延了，违反了三段论推理规则之"在前提中不周延的概念，在结论中不得周延"。所以，即使两个前提都是真的，但结论依然可能是假的。

【案例】我不是小区业主

小区花坛角落里有一个废弃的垃圾站,虽然已经铁门紧闭,但依然有人把垃圾扔在门口,于是物业人员立了一块牌子在那里,上面写着"致小区业主:此处已废弃,不能在此处扔垃圾。"

可过了几天,废弃垃圾站门口依然有垃圾。物业人员只好在垃圾站旁边蹲守,终于找到了每天往废弃垃圾站扔垃圾的人,原来是小李。小李是小区外面小卖部的负责人,与物业人员彼此认识。

物业人员指着告示牌上的字,问小李为什么还要在这里扔垃圾。小李振振有词地说道:"你们写的是小区业主,我又不是小区业主。"

问题分析:

小李的结论是"我可以在废弃垃圾站门口扔垃圾。"而他用以推理的两个前提分别是"小区业主不能在废弃垃圾站门口扔垃圾。""我不是小区业主。"我们将小李的推理过程整理出来看:

(大前提)小区业主不能在废弃垃圾站门口扔垃圾;

(小前提)我不是小区业主;

(结论)我可以在废弃垃圾站门口扔垃圾。

小李的推理不符合三段论的规则四。

规则四:从两个否定的前提中不能得出结论。

采用同样推理方式的例子还有比如:

(大前提)兔子没有角;

(小前提)人不是兔子;

(结论)人有角。

【案例】这个老妇不是人

有一天,一个富翁给母亲祝寿,特地把江南才子唐伯虎请来,为其作画题诗。唐伯虎挥毫落纸,顷刻间就画了一幅《蟠桃献寿》图。接着又信笔写下一句话,并高声念道:

"这个老妇不是人。"

此语一出,举座皆惊。那位富翁以及他的儿女们也都非常愤怒。唐伯虎不慌不忙,又写下了第二句话,并继续高声念道:

"九天仙女下凡尘。"

这一下,富翁和他的儿女们转怒为喜,四座宾客也都赞不绝口。正在这时,唐伯虎又写出了第三句话:

"儿孙个个都是贼。"

这又一次把大家惊呆了,富翁一家也怒形于色。他们正想发作,唐伯虎的第四句又出来了:

"偷得蟠桃献寿星。"

四句话,形成了一首诗,众人惊叹不已,富翁一家欢喜极了。

策略分析:

在这个故事中,唐伯虎的题诗经历了几次褒贬之间的反转,但每次反转都显得合情合理,不显牵强。这种有趣且不产生歧义的效果得益于唐伯虎的推理方式,它遵循了三段论的推理规则,特别是其中的规则五。

规则五:如果前提中有一个否定判断,那么结论必为否定判断;如果结论为否定判断,那么前提中必有一个否定判断。

在这个故事里,"这个老妇不是人"是一个结论,如果只看这个结论会让人觉得像是在骂人,于是唐伯虎适时补充了这个推理小前提："(这个老妇是)九天仙女下凡尘"。根据三段论的推理规则,省略掉的隐含前提是"九天仙女都不是人。"这是符合我们的常识的,于是大家觉得很合理。推理过程整理如下:

(大前提)九天仙女都不是人(省略);

(小前提)这个老妇是九天仙女;

(结论)所以,这个老妇不是人。

在这个三段论中,结论是否定判断,根据三段论规则五,前提也必须有一个否定判断。给出的一个前提是肯定的,因此补充的一个前提必然是否定的。这个三段论是符合推理规则的。

【案例】老师的意思

老师问同学们:"刚刚我去查咱们班的成绩,有的同学各科都是A,非常了不起。还有,这学期我发现有的同学经常一看书就是几个小时不休息。所以,你们明白老师的意思了吧?"

同学 A 说:"看书几个小时不休息就可以各科得 A。"

同学 B 说:"不对,老师的意思是有的同学得 A,有的同学看书几个小时不休息,反而得不到 A。"

老师说:"我今天是想告诉你们两点:第一,我们班部分同学取得了很好的成绩,老师很高兴;第二,近期我们班有个现象,近视的同学越来越多,让人忧虑,请大家注意看书的时间。"

问题分析:

在这个故事中,两个同学的推理方式都违反了三段论的规则六。

规则六:从两个特称前提中不能得出结论。

我们先来补充一下"特称判断"的含义。直言判断根据量项的特性可分为三种类型:全称、特称和单称。全称表示"所有的";特称表示"有的";单称表示"单个某人或某物"。因此,"特称判断"在这里指的是量项为"有的"的判断,即至少有一个,但也可能是全部。这个规则的含义是两个量项都为"有的"的判断无法推出任何结论。

同学 A 的推理方式是:

(大前提)班上有的同学各科得 A;

(小前提)班上有的同学看书几个小时不休息;

(结论)所有看书几个小时不休息的同学都是各科得 A 的同学。

根据同学 B 和老师提出的其他可能性来看,同学 A 的推理无效;同样地,同学 B 的推理也是如此。由此可见,两个特称判断无法推出确定的结论。

三段论还有两条规则也涉及特称判断,我们放在一起了解。

规则七:如果两个前提中有一为特称判断,那么结论必为特称判断。

例如:

(大前提)该公司所有员工都是大学生。

(小前提)有的左撇子是该公司员工。

(结论)所以,有的左撇子是大学生。

根据大前提和小前提,我们能够得出至少该公司员工中的那部分左撇子是大学生,也就是"有的左撇子是大学生。"但推不出"所有左撇子都是大学生。"从这个三段论可以看出,"两个前提中有一为特称判断,那么结论必为特称判断"。

规则八:如果大前提是特称判断,小前提是否定判断,那么不能得出结论。

下面请看两组前提。

第一组：

（大前提）有的水果是红色的；

（小前提）所有的杏仁都不是红色的。

第二组：

（大前提）有的水果是圆的；

（小前提）所有的杏仁都不是圆的。

根据以上两组前提进行推理：杏仁是不是水果？我们是没法从给定的前提中推理出来的。

【思考题】

1. 在一次某省中专入学考试的数学试卷中，有这样一道题：一个三角形，三边长分别为 3 cm、4 cm、5 cm，是什么类型的三角形？许多考生回答是直角三角形。他们论证的理由是：凡是直角三角形都是斜边的平方等于其他两边平方之和，这个三角形的斜边平方等于其他两边平方之和，所以，这个三角形是直角三角形。尽管考生们对自己的论证非常自信，但阅卷老师指出，这种论证方式存在逻辑错误，不符合数学推论的精确性要求。请问，这种论证方法包含着什么逻辑错误？

2. 古时候，楚国有一家人祭祖后决定将一壶酒赠给帮忙的人。由于人多酒少，大家决定通过画蛇比赛来决定酒给谁。谁画得快，酒就归谁。有一个人画得最快，但他自作聪明地给蛇添了脚。这时，另一个人画完蛇，夺过酒壶说："蛇本无脚，你添了脚，所以第一个画好的是我。"说完，他便把酒抢了过去。

请整理出故事中夺酒壶的人所作的三段论推理公式，并说说是否符合三段论推理规则。

03. 难倒知府/演绎推理之假言推理

【学点小知识】

假言推理是将假言命题作为前提所进行的推理。由于假言命题有三种类型,因此假言推理也呈现三种形式:充分条件假言推理、必要条件假言推理和充要条件假言推理。

充分条件假言推理就是以充分条件假言判断为前提的假言推理。充分条件假言判断的联结词主要有"如果……那么……""只要……就……""如果……就……""一旦……就……"等。

必要条件假言推理就是以必要条件假言判断为前提的假言推理。必要条件假言判断的联结词主要有"只有……才……""必须……才……""不……就不……""除非……就不……""非……非……"等。

充要条件假言推理就是以充要条件假言判断为前提的假言推理。充要条件假言判断的联结词主要有"……,当且仅当……""……是……的必要且充分条件""……是……的充分必要条件"等。

由于充要条件要求较高,在日常生活中涉及较少,所以这里主要讨论充分条件假言推理与必要条件假言推理。

【案例】青蛙叫了

俄罗斯著名作家克雷洛夫的身形较胖。有一天,他散步时遇见了两个人,其中一个人冲着他大声说:"你看,来了一朵乌云!"

克雷洛夫马上答道:"怪不得青蛙开始叫了。"

策略分析：

我们先来看看充分条件假言推理的推理规则。

比如：如果明天下雨，我就待在家。

这是一个充分条件的假言判断，"明天下雨"是这一判断的"前件"，为了推理方便，这里用字母 p 来表示；"我待在家"是这一判断的"后件"，这里用字母 q 来表示。

充分条件假言判断的特点是：有前件必有后件，无后件必无前件；无前件不一定无后件，有后件不一定有前件。

结合前面的例子，"明天下雨"就必然能推出"我待在家"；"（明天）我没待在家"就必然能推出"明天不下雨"。其他情况都是推不出的。

因此，充分条件假言推理只有两种形式可推出必然的结论：肯定前件式、否定后件式。

在《青蛙叫了》这个故事中，当地人的常识是如果天阴下来，青蛙就会叫。克雷洛夫利用这个常识，做了一个肯定前件式的推理，推理过程如下：

如果天阴下来，青蛙就会叫；

天阴下来（来了一朵乌云）；

所以，青蛙叫。

对方用"乌云"比喻克雷洛夫，以嘲讽他的肥胖，但由于不是直接挑明，因此不好反驳。如果克雷洛夫大动肝火，反而对方会笑他对号入座。于是，克雷洛夫同样采用比喻的手法，用"青蛙"来比喻这个人。这个回应的巧妙之处在于，如果这个人对克雷洛夫"来了一朵乌云"的讽刺成立，那克雷洛夫对这个人的回击"青蛙叫"也必然成立。

【案例】伊犁凿井

《阅微草堂笔记》中记载了这样一个故事：

伊犁（在今新疆）城中没有井，都是从河中取水。一位将领说："戈壁上都堆积黄沙，没有水，所以草和树木不生长。如今城里有许多老树，如果它们的根须下面没有水，树怎么能存活？"于是他砍掉树木，在靠近树根处往下凿井，果然得到了泉水，只是取水需要长绳罢了。

策略分析：

这位凿井的将领使用的是"否定后件式"充分条件假言推理。推理过程为：

如果伊犁城中树下没有水，那么树木就活不了；

现在伊犁城中有许多老树；

可见，城中树下是有水的。

这种否定后件式的推理可提炼为：

如果 p，那么 q；

非 q；

所以，非 p。

这种推理形式因其逻辑正确而展现出强大的说服力，因此对找到水起到了良好的作用。

在充分条件假言推理中，只有两种形式能够推出必然的结论："肯定前件式"与"否定后件式"。而"否定前件"和"肯定后件"都无法推出必然的结论。比如下面这个例子。

有人说："如果以权谋私，那就不是好领导。我又没有以权谋私,怎么能说我不是一个好领导呢?"

这就是用"否定前件"来推出"否定后件",是一个无效的推理。而批判这种无效的推理,就要找到除了"以权谋私"外,其他"不是好领导"的条件,如"平庸无能""刚愎自用""尸位素餐"等,比如我们可以这样反驳:"以权谋私的不是好领导;平庸无能、刚愎自用、尸位素餐的也不是好领导,这两者并不矛盾。你没有以权谋私,但你想想有没有其他方面的问题呢?"

又比如下面这一个例子。

有人说:"领导只要出去办事,就一定会先去上厕所;你看到他去上厕所了,就知道他要出门了。"

这是用"肯定后件"来推出"肯定前件",也推不出必然的结论。即使"领导出门办事就会上厕所"这个前提是真的,但因为还有"领导想上厕所的时候就会上厕所""领导睡觉之前也会上厕所"等可能性的存在,所以不能必然推出"领导去上厕所"就是"要出门了。"

因此,想要指出对方的推理错误,也许我们可以这样说:"万一领导只是水喝多了想上厕所呢?"

【案例】难倒知府

巧姑以她的聪明和能干闻名乡里,自她嫁入张家后,家中事务被她打理得井然有序,这让张老汉感到无比自豪。出于这份得意,张老汉在家门口贴上了"万事不求人"的字样。

这一日,一位知府路过,见到这标语,便想借此机会刁难张老汉一番。他对张老汉说:"既然你敢夸下如此海口,定有过人之处。本官限你三日内为我寻得三样物品:一头由公牛所生的牛犊、足以填满大海的清油,以及一块能遮蔽天空的黑布。若你寻不来,我将以欺骗官府之罪论处。"

张老汉回家后,忧心忡忡地将知府的要求告诉了巧姑。巧姑听后,却淡定地表示:"不用担心,这件事我会处理。"

三天后,知府如期而至,一进门便高声呼唤:"张老汉,速速出来见我!"

巧姑迎上前,恭敬地回答:"大人,我的公公今日不在家中。"

知府怒目而视:"他难道畏罪潜逃了?"

巧姑平静地回答:"不是的,公公他去生孩子了。"

知府一愣,感到荒谬:"只有女人能生孩子,哪有男人生孩子的?"

巧姑机智地反问:"既然大人明白男人不能生孩子,那又怎能要求公牛生牛犊呢?"

知府一时语塞,沉默了片刻,只得放弃这个话题:"那填海的清油呢?"

巧姑回答:"请大人先将海水排干,我们立刻便能灌油。"

知府不解:"海水如此浩瀚,如何能排得干?"

巧姑对答如流:"只有海水被排干,我们才能灌入清油。否则,海水茫茫,油又该往哪里灌呢?"

知府的脸色顿时变得通红,他只得再次放弃:"那遮天的黑布又如何解释?"

巧姑继续问道:"敢问大人,天空究竟有多宽广?"

知府支吾着说:"天空辽阔无垠,无人知晓其宽广。"

巧姑说:"只有明确了天空的宽度,我们才能制作相应的黑布。既然天空的宽度都无法得知,我们又怎能制作出合适的黑布呢?"

面对巧姑的巧妙应对,知府哑口无言,只得羞愧地匆忙离去。

策略分析:

在这个故事中涉及了几个必要条件假言推理。

必要条件假言判断前后件之间的关系为:有后件必有前件,无前件必无后件;无后件不一定无前件,有前件不一定有后件。

比如:只有年满 18 岁,才有选举权。

这是一个必要条件的假言判断,"年满 18 岁"是这一判断的"前件",为了推理方便,这里用字母 p 表示;"有选举权"是这一判断的"后件",这里用字母 q 表示。

结合前面的例子,"有选举权"就必然能推出"年满 18 岁";"未满 18 岁"就必然能推出"没有选举权"。其他情况都是推不出的。

因此一个必然为真的必要条件假言推理,也只可能有两种情况:否定前件式、肯定后件式。用公式表示如下:

1. 否定前件式

只有 p,才 q;

非 p;

所以,非 q。

2. 肯定后件式

只有 p,才 q;

q;

所以,p。

在上面的故事中,知府和巧姑的对话就用到了这两种推理形式。

比如知府用来反驳巧姑"公公生孩子去了"说法的推理:

只有女人才能生孩子;

（张老汉）不是女人；

（张老汉）不能生孩子。

在这个必要条件假言推理中，知府通过否定前件，推出否定的后件，这个推理是符合逻辑的，能很好地说明巧姑说法的荒谬之处。于是巧姑说："您既然知道男人不能生孩子，为什么又要公牛生牛犊呢？"肯定了知府的推理方式，同时也想说明，按照这种推理方式，公牛也是不能生牛犊的，让知府无法答对，只好在这件事上做出让步。

在说到第二件事的时候，巧姑也用了一个必要条件假言推理：

只有把海水抽干，才能往里灌油；

（知府要张老汉）往海里灌油；

因此，必须把水抽干。

这个推理通过肯定必要条件假言判断的后件，推出肯定的前件，把难题推给了知府。知府提出海水无法抽干，则正好可以通过否定前件推出否定的后件，因此巧姑的公公也没法往海里灌油。推理过程为：

只有把海水抽干，才能往里灌油；

海水抽不干；

没法往海里灌油。

说到第三件事时，巧姑也用了一个必要条件假言推理：

只有知道天有多宽，才能扯布；

（知府要张老汉）扯布；

（张老汉）需要知道天有多宽。

这个推理依然是先通过肯定必要条件假言判断的后件，推出肯定的前件，把难题丢给知府。知府提出没人知道天有多宽，则正好

可以通过否定前件推出否定的后件,从而推出巧姑的公公无法扯布遮天。推理过程为:

只有明确了天空的宽度,才能制作遮天的黑布;

<u>不知道天空的宽度;</u>

(张老汉)不能制作遮天的黑布。

在巧姑和知府的对答里,正是因为巧姑找到了知府要求的荒谬之处,设计了一个个必要条件假言判断作为推理的前提,诱导知府否定这一前提的前件,从而得出的结论也就否定了这些差使的可行性。

在我们的日常沟通中,理解必要条件假言推理的逻辑可以帮助我们更加谨慎地表达观点,避免无意中说出可能被他人错误解读的话。这种错误解读可能会导致他人根据推理得出并非我们本意的"言外之意"。请看下面这则故事。

【案例】傻瓜才把钱送人

李明在哥哥家住了几天,临走时,掏出十几元钱对侄子李乐说:"这钱给你留着花,你记住,把钱收好,丢了可就白送人了。"李乐说:"知道,只有傻瓜才把钱送人。"李明想了想,说:"你说得有道理,我看这钱还是不要给你比较好。"

问题分析:

在这个故事中,李乐说:"只有傻瓜才把钱送人。"根据必要条件假言命题的推理规则,李乐的话可引起李明如下推理:

只有傻瓜,才把钱送人;

<u>我把钱送人;</u>

所以,我是傻瓜。

但李明并不愿意做傻瓜，因此，他决定不给侄子这些钱了。这时他的推理为：

只有傻瓜，才把钱送人；

我不是傻瓜；

所以我不把钱送人。

以上是正确的必要条件假言推理形式，下面来看看错误的推理形式。

根据必要条件假言判断的特点，按照前后件的关系进行划分，必要条件假言推理只有两种形式是能推出必然的结论的，即"否定前件式"与"肯定后件式"。而"肯定前件"和"否定后件"都推不出必然的结论。比如下面这种表达。

有人说："只有具有杀人的故意，才会构成故意杀人罪。张路具有杀人的故意，因此，张路构成了故意杀人罪。"

在这个必要条件假言推理中，说话人用"肯定前件"推"肯定后件"，是不能必然推出的。要批判这种推理方式，我们需要指出即便一个人有杀人的故意，但如果缺少了实施杀人行为等其他必要条件，就不能直接推断出该人犯了故意杀人罪。比如在这里就可以这样说："尽管张路有杀人的故意，但如果他没有实际剥夺他人生命的行为，那么仅有杀人故意并不足以构成故意杀人罪的完整条件。因此，不能仅凭张路有杀人的故意，就断定他犯了故意杀人罪。"

又比如下面这样一种说法。

有人说："只有拥有法律知识，才能成为律师。这个人不是律师，因此肯定一点法律知识都没有。"

这是用否定必要条件假言判断后件的方式来推出"否定前件",也是不能必然推出的。即使"不是律师"这个前提是真的,但如果这个人是法学院学生或法官,甚至仅仅只是法律爱好者,也可能拥有丰富的法律知识,因此不能必然推出"(这个人)肯定一点法律知识都没有。"想要指出对方的推理错误,可以这样说:"虽然这个人不是律师,但万一他是法官呢?"

【思考题】

1. 在一个星期六的晚上,小丁到小张家邀请他第二天一起去看画展。小张回答,如果第二天不下雨,他就去图书馆查资料。结果第二天真的下起了小雨,小丁以为小张不会去图书馆了,就再次去他家邀请他看画展。但出乎意料的是,小张还是去了图书馆。到了星期一,两人见面时,小丁责怪小张食言,因为下雨了他还去图书馆。小张却说,他没有食言,而是小丁的逻辑推理出了问题。请问,是小张真的食言了,还是小丁的逻辑推理有误呢?

2. 在南宋时期,官员叶衡因遭诬陷被迫离开相位,被贬至郴州。一次,叶衡在家中因病卧床,许多亲朋好友前来探望。叶衡向在场的人提问:"我感到自己可能活不久了,但不知道死后是否会感到舒适?"一位书生回答:"死后一定很舒适。"叶衡惊讶地追问:"你怎么知道呢?"书生答道:"如果死后不舒适,那所有死去的人都会逃回来。但历史上,从未有人从死亡中返回。所以,我推断死后应该是舒适的。"这个机智的回答引得在场的人都笑了起来。

请用三段论的形式列出书生的推理过程,说明是否符合假言命题的推理规则。

04. 消瘦的原因/演绎推理之选言推理

【**学点小知识**】

选言判断是断定事物有几种可能情况的复合判断,这里还是用p表示前件,q表示后件,r表示结果,s表示另一种结果。选言判断的形式是"p或者q",比如苹果或者香蕉、去成都或者去西安。"p"和"q"叫作选言肢,每一个选言肢表示一种可能性,选言肢至少有两个。选言判断常用的联结词有:"或者""或是""不是……就是……"以及"要么……要么……"等。

选言判断可分为两种,一种为相容的选言判断,一种为不相容的选言判断。两种选言判断的推理方式略有不同。

相容的选言判断的代表联结词是"或者",表达的意思是至少要选择一个,但可以同时都选。比如"我今天吃苹果或者香蕉。"在逻辑上表达的是我今天可能有三种选择:吃苹果、吃香蕉、吃苹果和香蕉。

不相容的选言判断经常使用"要么……要么……"这一联结词,它表达的意思是必须且只能选择其中一个选项,不允许多选或少选。

【**案例**】消瘦的原因

李清照有一首词,名叫《凤凰台上忆吹箫》,流传十分广泛。

词人想在词中表达离怀别苦,但又不想表达得太过直白,于是在词的上阕采用了相容的选言推理形式,让读诗的人自己体会出来。这种推理形式,让整首词显得更加含蓄委婉,但是诗的主题又十分明确。词的上阕如下:

"香冷金猊，被翻红浪，起来慵自梳头。任宝奁尘满，日上帘钩。生怕离怀别苦，多少事、欲说还休。新来瘦，非干病酒，不是悲秋。"

策略分析：

在这首词上阕中所使用的选言推理，可整理如下：

新近人消瘦或由于病酒，或由于悲秋，或由于离怀别苦；

新近人消瘦不是由于病酒，也不是由于悲秋；

所以，新近人消瘦是由于离怀别苦。

根据相容选言推理的规则，如果有三个选言肢，否定了其中两个，那么就能必然地推出剩下的一个。因此即使词人没有明确地说出她的消瘦是因为离怀别苦，但是我们依然可以非常肯定地得出这个结论。

由于相容选言判断的选言肢必须至少选一个，且可以都选，因此当肯定一个选言肢的时候，推不出另外的选言肢是肯定还是否定。比如"我今天吃苹果或者香蕉。"已知我今天吃了苹果，但香蕉究竟吃没吃就推不出来。但如果已知我今天没吃香蕉，那就可以必然地推出我今天吃了苹果。因为根据"我今天吃苹果或者香蕉。"这一前提，我至少要在苹果和香蕉中选择吃一种。

可见，如果相容的选言判断中有两个选言肢，只有在我们否定了其中的一个选言肢时，才能确定性地推导出另一个选言肢的成立。因此，在涉及相容选言判断的逻辑推理中，一个典型的方法是通过否定其中一个肢，来推导出剩下的另一个肢的真实性。

【案例】选择

法国化学家贝特洛不论是给学生上课，还是做试验，都非常守时。

有一年,在他所招的研究生中,有一个年轻人自由散漫,常常借口手表时间不准而迟到。

一天,当这位年轻人又一次迟到时,伯特洛终于忍不住了。

他很客气地对年轻人说:"先生,要么您换块手表,要么我把您换掉……"

策略分析:

在这个故事中,伯特洛对年轻人所说的话中使用了"要么……要么……",这是一种不相容的选言判断,因此它可以引发以下推理:

1.

要么年轻人换块手表,要么伯特洛把年轻人换掉;

<u>年轻人不愿意被换掉;</u>

年轻人必须换手表(不能再以手表为借口迟到)。

2.

要么年轻人换块手表,要么伯特洛把年轻人换掉;

<u>年轻人不愿意换手表(依然以手表为借口迟到);</u>

伯特洛把年轻人换掉。

在这里,化学家伯特洛采用了一种幽默的方式对年轻人作出提醒,但由于使用的是"要么……要么……"这样的表述形式,因此也意味着年轻人必须做出改变了,否则将面临被换掉的危险。

【思考题】

1. 一次,孟尝君需要派人去他的封地薛地收取债务,门客冯谖主动请缨前往。冯谖问收完债后买什么回来,孟尝君回答缺什么就买什么回来。在薛地,冯谖并没有直接去收债,而是召集了所有欠债的百姓,公开烧毁了他们的债务契约,表示这是孟尝君的恩赐,百姓们因此对孟尝君感恩戴德。

冯谖回到孟尝君那里,孟尝君问他债务收得如何,买了什么回来。冯谖回答:"我为您买回了'义'。"孟尝君不明白,冯谖解释道:"您不是让我买家里缺的东西吗?依我看来,您家里的珠宝堆积如山,牛马充满马房,美女成群结队,唯独缺少'义',因此,我给您把'义'买了回来。"孟尝君虽然不高兴,但也不好说什么。但后来,当孟尝君失势,被迫离开齐国时,正是薛地的百姓们热情地迎接并支持他,孟尝君这才意识到冯谖当初的买"义"之举是多么的明智。

请整理出冯谖言辞中所使用的选言推理。

2. 陈胜吴广准备起义时,杀死押送戍卒的将尉,将所有戍卒召集起来。陈胜发表了一段演说:"现在由于遇到大雨,已经错过朝廷规定的到达期限。逾期按律法是要被砍头的。就算朝廷不杀我们,我们去戍边,也会死掉十之六七。大丈夫不死就算了,要死就不如去干一番事业来,王侯将相难道是天生的贵种吗?"

请整理出陈胜演说中所使用的选言推理。

05. 拿大的还是拿小的/演绎推理之二难推理

【学点小知识】

据说当初松赞干布想娶文成公主,文成公主想测试一下这个人是不是聪明睿智,于是对外宣称:如果松赞干布能问一个她回答不出来的问题,自己就随他远嫁吐蕃。松赞干布冥思苦想了许久,终于想出了一个问题。松赞干布问文成公主:"公主啊,我要问一个什么样的问题你才会答不出来呢?"公主听后,也思考了很久,无法回答,最终嫁给了松赞干布。

文成公主在听到松赞干布的问题后,她可能是这样思考的:

如果有这样一个问题,那么我肯定回答不上来;

如果没有这样一个问题．那么我也回答不上来;

实际上或者存在这样一个问题,或者不存在这样一个问题;

总之,我都回答不上来。

松赞干布的问题使文成公主陷入了两难,于是文成公主最终只能嫁给松赞干布。

二难推理是由两个充分条件假言判断和一个二肢选言判断为前提所构成的推理,因此有的地方也将二难推理称为假言选言推理。

充分条件的假言判断具有这样的逻辑特性:如果肯定了前件,则必然肯定后件;如果否定了后件,则必然否定前件。在二难推理中,将两个充分条件的假言判断的前件或后件作为选言判断的两个选项,无论对方选择哪个选项,都会不可避免地得出必然的结论。这种推理方式使对方陷入两难的境地,无论怎样选择,都会面临困境。

二难推理共有四种构成式,分别为简单构成式、简单破坏式、复杂构成式、复杂破坏式。松赞干布采用的是简单构成式。下面再结合几个故事作进一步了解。

【案例】拿大的还是拿小的

两个人都饥饿难耐,看到桌上有两个苹果,一大一小。一个人先把大的那个苹果拿走了,另一个人不高兴了,抱怨道:"你这人怎么这样啊,你先拿了大的,让我吃小的?"

先拿的人说:"假如让你先拿,你拿哪一个?"

后拿的人说:"我当然是拿小的。"

先拿的人说:"那还有什么好埋怨的,你不是如愿了吗?"

策略分析:

在这个故事中,先拿的人就使用了一个简单构成式的二难推理,让后拿的人陷入了两难的境地,无论怎么回答都会变得无理。简单构成式的二难推理用公式来表达是这样的:

如果 p,则 r;

如果 q,则 r;

或者 p,或者 q;

总之,r。

故事中先拿苹果的人所说的"假如让你先拿,你拿哪一个?"所涉及的推理过程可表述为:

如果你说你先拿小的,那么小的还在,因此,你不该埋怨;

如果你说你先拿大的,那么你和我一样,因此,你也不该埋怨;

你或者说你先拿小的,或者说你先拿大的;

总而言之,你都不该埋怨。

简单构成式是二难推理中一种常用的形式。以下再举一个例子,以便理解应用。

【案例】魏丑夫殉葬

魏丑夫是秦国太后芈八子的男宠,芈八子病重后,自知时日无多,于是下达了一条诏令:"我死之后,一定要魏丑夫殉葬。"魏丑夫吓得号啕大哭,赶紧去向足智多谋的大臣庸芮求救。庸芮去见太后,先是与太后唠家常,拉近感情,放松气氛,让太后放下警惕,然后装作不经意地问太后:"太后您认为人死后是否有知觉呢?"太后回答:"不能。"庸芮于是说:"既然人死后没有知觉,那么又何必白白将心爱的人置之死地呢？如果人死后有知觉，您让魏丑夫殉葬，又如何去面对先王呢？"太后一想，庸芮说的话有道理，好像没法反驳，因此就没让魏丑夫殉葬了。

策略分析：

在这里，庸芮的问话就涉及了一个简单构成式的二难推理，无论太后如何回答，都将得出一个唯一的结论：太后不应该让魏丑夫殉葬。这个二难推理的思维过程可整理如下：

如果人死后没有知觉，那么魏丑夫殉葬也没法陪伴太后，没必要让魏丑夫殉葬；

如果人死后有知觉，那么魏丑夫的殉葬将让太后无法面对先王，不应该让魏丑夫殉葬；

<u>或者人死后没有知觉，或者人死后有知觉；</u>

总之，不应该让魏丑夫殉葬。

【案例】糊涂县官

有一个糊涂县官，误认为一对父女是谋害一家十三口人的凶手，于是他将这对父女投入牢中施以重刑。这一对父女的家人为了让两人少受些酷刑，于是给县官送了一千两银子，并承诺如果愿意开脱，愿意再多送一些银子；县官对父女的家人说，如果按照五百两一条命来计算，应该给六千五百两。父女的家人心疼父女俩，愿意按照五百两一条命来计算。县官于是以此为依据，作为确凿的证据来定了父女的罪，并用二难推理的形式陈述了自己的推理过程，让父女俩无言以对。县官说："如果你们不是凶手，你家就不会愿意拿出几千两银子来打点；如果你们不是凶手，你家就不应该同意按五百两一条命来计算，而应该对我说人其实不是你们害的，承蒙我代为昭雪,七八千两都可以,六千五百两的数目万万不可答应。"

问题分析:

简单构成式的二难推理采用的推理方式是肯定前件以推出肯定的后件。而与之相对的简单破坏式的二难推理,则采用否定后件以推出否定前件的推理方式。

简单破坏式二难推理用公式来表达是这样的:

如果 p,则 q;

如果 p,则 r;

或者非 q,或者非 r;

总之,非 p。

在这个故事中,糊涂县官所使用的二难推理可整理如下:

如果人不是你们谋害的,你家就不会愿意拿出几千两银子;

如果人不是你们谋害的,你家就不会答应按五百两一条命的规定算账;

或者你家愿意拿出几千两银子,或者你家答应按五百两一条命的规定算账。

总之,人是你们谋害的。

在这里,由于父女俩的家人已经表达了愿意拿出几千两银子,也答应按五百两一条命的规定算账,因此无论按照哪一个充分条件假言判断的前提,都可以通过否定后件推出否定的前件:人是这对父女谋害的。这让这对父女有苦说不出。

县官的推理逻辑本身并没有错误,问题出在推理所依赖的前提上。他忽略了一个关键的可能性:即使父女俩并没有谋害人,他们的家人也可能为了保护他们而支付银子,或者答应以人头计算赔偿。因此,县官用以推理的前提并不能构成充分条件。日常生活中,这样的推理可能会让对方一时难以反驳,以维护自己的观点;或者起到幽默的效果。但这种有问题的推理前提或推理方式绝对不能出现在判案中,否则容易造成冤假错案。

【案例】刘备痛哭

孙权命鲁肃去向刘备讨还荆州。刘备一听说鲁肃的来意,就放声大哭起来。鲁肃不明白刘备为什么大哭,诸葛亮于是对他说:"这有什么不明白的呢? 你想,当初我家主公借荆州的时候,说好了取下益州就归还。如今的益州牧刘璋按辈分来说是我家主公的弟弟,都同为汉室宗亲。如果要兴兵夺取他的城池的话,恐怕被外人唾骂;如果不夺益州,又还了荆州,我们又在何处安身? 如果不还荆州,又会让您面上不好看。这件事实在是让人两难,因此哭得如此伤感。"

策略分析:

"简单构成式"和"简单破坏式"所推出的结论都是唯一的;而"复杂构成式"与"复杂破坏式"所推出的结果却是一个选言判断,因此稍显"复杂"。

诸葛亮的这番话里就包含了一个复杂构成式的二难推理。二难推理的复杂构成式可用公式表示如下:

如果 p,则 r;

如果 q,则 s;

或者 p,或者 q;

所以,或者 r,或者 s。

诸葛亮话中所包含的二难推理可整理如下:

如果刘备取益州,而还荆州,则会被外人唾骂;

如果刘备不取益州,又还荆州,则无处安身;

刘备或者取益州,或者不取益州;

所以,刘备或者被外人唾骂,或者无处安身。

诸葛亮的聪明之处在于他深知鲁肃心肠软,于是巧妙地利用这一点,通过展示刘备若失去荆州将面临的困境,让鲁肃感到若强行索回荆州,会使刘备陷入两难的境地。这种策略使得鲁肃出于同情和不忍,最终选择不对刘备施加压力。

【案例】杨坚破除迷信

隋文帝杨坚不相信墓田风水之说,为了让百姓也不相信这些说法,于是以自己的家庭情况为例进行论证。他向百姓们说道:"如果说我家的墓田不吉利的话,我应该当不了皇帝;如果说我家的墓田吉利的话,我的弟弟则不应该战死。"

策略分析:

杨坚的话包含了一个复杂破坏式的二难推理。

复杂破坏式的二难推理可用公式表示如下:

如果 p,则 r;

如果 q,则 s;

或者非 r,或者非 s;

所以,或者非 p,或者非 q。

杨坚的话中所包含的二难推理可根据公式整理如下:

如果说我家墓田不吉利,我就不会当上皇帝;

如果说我家墓田吉利,我的弟弟就不会战死;

现在我当上了皇帝,我弟弟却还是死在了战场上;

可见,我家墓田谈不上吉利,也谈不上不吉利。

杨坚用事实否定了二难推理中两个充分条件假言判断的后件，从而推出两个互为矛盾的前件，让墓田风水之说站不住脚，具有很强的说服力。

【思考题】

1. 小李等几名战士的训练成绩不好，连长帮他们分析原因。连长说："训练成绩若要好，就必须有正确的训练态度，要有科学的训练方法。这两个缺一不可。你们这几个人，有的训练态度不正确，有的训练方法不科学，有的两个都缺少，训练成绩怎么能好呢？"连长的话中包含了一个怎样的二难推理，请整理出来。

2. 子贡问孔子："死去的人是有意识还是无意识呢？"孔子回答："如果我说死者有意识，我担心孝顺的后代会不顾自己的生活去过度哀悼死者；如果我说死者无意识，又怕那些不孝顺的后代会抛弃逝去的亲人而不给予适当的安葬。你想知道死后是否有意识，等到你死了，慢慢就会明白了，那时候也不算晚。"孔子的话中包含了一个怎样的二难推理，请整理出来。

06. 邹忌讽齐王纳谏/类比推理

【学点小知识】

莎士比亚说："一支小小的蜡烛，它的光照耀得多么远！一件善事也正像这支蜡烛一样，在这罪恶的世界上发出耀眼的光辉。"

在这里，莎士比亚就是用类比推理的方法，用"蜡烛虽然小，但光照得远"来论证一件善事虽然小，但也会发出耀眼的光辉，给罪恶的世界带来巨大的光明和温暖。

类比推理是一种通过比较两个事物在某些特征上的相似性，来推断它们在其他特征上也可能相似的推理方法。它通常基于对某一特定事物的了解，来对另一事物做出判断。而通过运用类比推理来论证一个观点的表达方式，也叫作类比论证。这种论证方法的特点是将已知的"论据"（已知事物）与待证明的"结论"（待证事物）进行比较，从而得出结论。与归纳论证不同，归纳论证是从个别事实中推导出一般性的规律，而类比论证则是从个别事实推导出另一个个别事实。

类比论证的优势在于它的直观性和易于理解，因为它依赖于人们对于已知事物的直观感受和经验。这种方法在论证中非常有用，因为它可以生动形象地展示论点，使论据更加浅显易懂，从而更容易被接受。请看以下几个案例。

【案例】邹忌讽齐王纳谏

邹忌是齐国的一位大臣。一日清晨，他照镜自赏，觉得自己身材挺拔、容貌俊美，便问自己的妻子，与齐国著名的美男子徐公相比，谁更胜一筹。妻子回答，徐公不及邹忌。邹忌心中存疑，又向自己的妾询问，妾也给出了相同的答案。后来，家中来了一位客人，邹忌在谈话中再次提出了这个问题，客人同样表示徐公不及邹忌。

第二天，徐公到邹忌家，邹忌仔细观察，感叹自己的外貌远不如徐公，但是由于妻子爱他、小妾怕他、客人有求于他，于是都说徐公比不上他。

邹忌给齐威王讲了这件事，并提出自己的观点：如今齐国地方千里、百二十城，后宫妃嫔都爱齐王、朝臣都怕齐王、四方百姓都有求于齐王。由此看来，齐王受到的蒙蔽太严重了。

齐王道："说得好。"于是下令广开言路，奖赏能指出他过失的人。

策略分析：

在这个案例中，邹忌先给齐王讲了自己受蒙蔽的事，由于这件事发生在生活中，易于理解且轻松有趣，再提出自己此次进谏的观点，认为齐王的身边人对齐王的态度也存在同样的情况，并且更严重，因此齐王肯定受蒙蔽也更严重。让齐王轻松接受了他的观点。如果邹忌直接让齐王广开言路、纳谏除弊，齐王不仅不会引起重视，还很可能会不高兴。可见，类比推理如果用得好，能让自己的观点更容易被别人接受。

类比推理的结构可提炼为以下公式（A、B 表示不同事物，a、b、c 表示不同属性）：

A 有 a、b、c 等属性；

B 有 a、b 等属性；

所以，B 可能有 c 这个属性。

因此以上案例中的论证方式，可用公式表示为：

妻爱我，妾畏我，客人有求于我，我受蒙骗；

妃嫔爱王，朝臣畏王，四方百姓有求于王；

所以，王受蒙骗。

【案例】晏子使楚

齐国的晏子最初出使齐国的时候，由于身材矮小，受到楚王的轻视。楚王在宴请晏子之前，特意做了一番安排。在宴会进行中，两名小官员押着一个人前来见楚王。楚王问官员："这个人是哪里来的？犯了什么事？"小官员回答道："他是齐国人，犯了偷窃罪。"楚王就问晏子："齐国人很擅长偷东西吗？"晏子离开座位回答道："我听说橘树生长在淮河以南的地方就叫'橘树'，生长在淮河以北的地方就叫'枳树',它们叶子相像,果实的味道却不相同。这是什么原因呢?就是因为地方水土的不同啊。同一个人,在齐国时不偷东西,到了楚国就偷东西,莫非是楚国的水土使人善于偷东西吗?"

楚王笑着说:"圣人是不能开玩笑的,是我自讨没趣了。"

策略分析:

晏子在对齐王的回复中,所运用的就是类比推理的论证方式。用公式可表述为:

橘树在淮南味道好,在淮北味道不好,原因是水土不同;

百姓在齐国不偷东西,在楚国偷东西;

所以,齐国百姓在楚国偷东西的原因是地方不同。

在这个案例中,如果晏子不作回应就等于默认了楚王对齐国的贬损,如果直接反驳是楚国的问题又没有充足的理由。因此晏子以类比的方式,将橘树这个本来和这件事扯不上关系的事物因地方的不同而出现的不同生长状况类比到这件事上,当作支撑自己观点的论据,让自己的观点更有说服力。同时,晏子的这段话幽默风趣,让楚王也不好发怒,反而对他的机智十分佩服。

在晏子的思维模式中,很可能是先明确了一个观点:必须说是楚国的问题,而不是齐国人的问题。再去找一个同一事物在不同地方有不同表现的事例,指出两者的相似之处,最终得出适用于那种事物的道理同样也适用于这件事。

【案例】触龙说赵太后

赵太后刚刚执政,秦国就加紧攻打赵国。赵太后向齐国求救,齐国要求让赵太后最喜欢的小儿子长安君去做人质,才派兵救援。赵太后明确告诉身边的近臣说,如果谁要劝她答应齐国的条件,她就朝他脸上吐唾沫。

左师触龙要求去见太后，太后气势汹汹地等着他。触龙谈了自己的运动和饮食的情况，也问候了太后近来的运动和饮食的情况，缓和了紧张的气氛。触龙对太后说："我的儿子舒淇年龄最小，不成才，我老了，因为疼爱他，希望让他替补上黑衣卫士的空额，来保卫王宫。"

太后说："你们男人也疼爱小儿子吗？"

触龙说："比妇人更厉害。"

太后说："妇人更厉害。"

触龙说："我私下认为您疼爱女儿燕后超过了疼爱儿子长安君。"

太后说："您错了，不如疼爱长安君那样厉害。"

触龙说："父母疼爱子女，就要为他们考虑得长远一些。您送燕后出嫁的时候，为她的远嫁而哭泣，但您在祭祀时，虽然想念她，却一定为她祝告说：'千万不要被赶回来啊。'难道这不是为她作长远打算，希望她生育子孙，且子孙一代一代地做国君吗？"

太后说："是这样。"

触龙说："从这一辈往上推到三代以前，甚至到赵国建立的时候，赵国君主的子孙被封侯的，他们的子女还有继承爵位的吗？"

太后说："没有。"

触龙说："不光是赵国，其他诸侯国君被封侯的子孙的后继之人还有在的吗？"

太后说："没听说过。"

触龙说："他们的灾祸来得早就降临在自己头上，来得晚就降临到子孙头上,不是因为他们不好,而是因为他们地位高而没有功勋,俸禄丰厚而没有劳绩,占有的珍宝太多了啊!现在您把长安君的地位提得很高,封给他肥沃的土地,给他很多珍宝,如果不趁现在这个机会让他为国立功,一旦您百年之后,长安君凭什么在赵国站住脚呢?我觉得您为长安君打算得太短了,因此认为您疼爱他比不上燕后。"

太后于是答应送长安君去齐国做人质。

策略分析:

赵太后本来对送长安君去齐国做人质有很强的抵触心理,但是触龙去见赵太后的目的又是想说服赵太后送长安君去齐国做人质。如果直接说,可能触龙刚提到长安君就被赶走了,于是只能先不提长安君的事,而从别的事情入手。触龙说服赵太后的过程也运用了类比推理的方法,用公式可表示如下:

我老了,我最爱小儿子,我爱孩子的方式是为孩子的长远打算,小儿子没有立身本事,我为小儿子谋职位;

太后老了,太后最爱小儿子,太后爱孩子的方式也是为孩子的长远打算,长安君没有立身的功绩;

因此,太后应该让长安君立功绩。

由于一开始触龙就打定主意用自身的情况来类比太后的情况,因此两人刚见面聊天时,触龙介绍自己的情况并问候太后的情况,也是想说明他俩都老了,他们两人的情况有相似之处。触龙从这时起就进入了类比论证的过程。但由于谈的都是触龙孩子的情况,太后放下了戒备之心,再从爱孩子这一共同点入手,引出长安君,然后顺着太后"爱子",为长安君切身利益着想这一心态出发来劝谏,既鞭辟入里,又充满温情,让太后最终接受了触龙的观点。

【案例】萨克斯说服罗斯福

1939年,萨克斯给时任美国总统的罗斯福寄了一封信。信中,爱因斯坦说明有一个新发现,可以用于制造炸弹,威力巨大。

罗斯福了解了信件内容后,淡淡一笑,说:"这些都是很有趣的,不过现在就由政府干预此事,是不是为时过早?"

听到这句话,萨克斯的心凉了半截:总统拒绝了。罗斯福看到自己的好友、私人顾问面有难色,为了表示歉意,他约请萨克斯第二天来共进早餐。但同时也提出到时不能再谈这件事。

萨克斯想了一夜,想出了一个说服总统的好办法。早上,罗斯福一见萨克斯就说:"今天,不许再谈爱因斯坦的信。"

"我只想讲一个历史故事。"萨克斯回答,接着就轻松地讲了起来。

"十九世纪,拿破仑的骑兵征服了整个欧洲大陆,唯独海上作战屡屡失败,因为英国有一支强大的海军。这时,一个年轻的美国发明家富尔顿向拿破仑献计,他建议砍断桅杆,撤去风帆,把木板换成铁板,用蒸汽机作为战舰动力,这样法国的战舰才能渡过英吉利海峡征服英国。拿破仑一听就生气了,军舰没有帆能走吗?木板换成铁板能不沉下去吗?蒸汽机怎么能用于战舰?于是拿破仑就连赶带骂地把富尔顿轰出去了。拿破仑仍然使用帆船,结果终于未能横渡英吉利海峡。"

萨克斯讲到这里,停顿了一下,意味深长地说:"这就是拿破仑缺乏见识而使英国得以幸免失败的例子。如果拿破仑当年稍微动动脑子,郑重考虑一下富尔顿的建议,那么十九世纪的历史可能就要重写了。后来,拿破仑战败被送往圣赫勒拿岛流放。途中,拿破仑望见英国强大的舰队,对当初没有听富尔顿的建议后悔不已。"

罗斯福听完萨克斯的故事,沉默了好几分钟,说:"我不会成为第二个拿破仑!"然后把沃特逊将军叫到身边,指着爱因斯坦的信,语气坚定地说:"对此事要立即采取行动!"

策略分析:

萨克斯的这一番话,成功地促使罗斯福转变了态度。萨克斯在此处运用的就是类比推理。推理过程为:

征服英国需要强有力的武器,法国需要蒸汽船,拿破仑不听科学家的建议,拿破仑失败了;

征服德国需要强有力的武器,美国需要原子弹,罗斯福不听科学家的建议;

因此,罗斯福也会失败。

罗斯福不想失败,因此答应了科学家们关于造原子弹的提议。

【学点小技巧】

由于客观事物存在着的相似性与差异性,单纯的类比推理推出的结论,往往带有或然性,不能推出必然的结论。因此,在使用类比推理作为论证方法的过程中,还需要注意以下小技巧。

1. 前提中所列举的相同属性与要推出的属性应当相关。如邹忌身边的人和齐王身边的人,也许在性别、身高、体型等方面都有相同之处,但这些和邹忌要推理出来的结论并不相关,因此邹忌并没有提到,而重点用身边人对自己的态度来进行类比,因为这与邹忌想要论证的主题相关。在触龙说服赵太后的过程中,触龙提到两人都已年迈,不仅仅是为了拉家常,更是想说明两人都一样没有太长时间可以庇护自己喜爱的孩子了，他们即将独立面对这个世界。

2. 前提中所列举的两个或两类事物的相同属性应尽量多一些。相同的属性越多，说明结论越可靠，也越有说服力。如触龙在说服赵太后的过程中，就列举了自己与赵太后都已年老、都爱小儿子、小儿子都没有立身的本事等相同之处，这样赵太后对触龙才会产生更多的信任，想到触龙为小儿子谋职位，自己也应该为小儿子作长远打算。

【思考题】

1. 你想要说服他人支持动物权利。你打算将动物的权利类比为基本的人权，如何构建这个类比？

2. 构思一个类比，将加强网络安全的措施与提高房屋保安的措施相比较。探讨如何用这个类比来说明为什么个人和公司应该投资于更好的网络安全防护。

07. 凡有所学，皆成性格/归纳推理

【学点小知识】

培根说："读史使人明智，读诗使人灵秀，数学使人周密，科学使人深刻，伦理学使人庄重，逻辑修辞之学使人善辩：凡有所学，皆成性格。"

培根的这段话中所用到的推理形式，就是归纳推理。

演绎推理是从一般到特殊的推理形式，比如用"所有的人都会死"这个普遍的道理，来推出"苏格拉底会死"这个特定的"人"的情况，由于前提中已经蕴含了特定个体的情况，也就是说前提中就蕴

含着结论,因此只要前提是真的,其推理的结果也应该是真的;归纳推理则是从特殊到一般的推理形式,由于可能会出现归纳不完全的情况,因此即使所有的前提都是真的,其推理出来的结论也并不一定是真的。

但由于我们通常想要论证的观点都不是从一般真理可推出的个体案例,而是通过对生活的观察,或者对事实的收集,所想要表达的一个具有创造性的见解。因此如果是想要论证个人观点,采用归纳推理的形式也许更为合适,且更便于使用。

将归纳推理应用于演说中,可采用总分式和分总式。也就是结论可以在前,也可以在后,无论结论在前还是在后,只要推理方式是由特殊到一般,都属于归纳推理。下面就结合具体案例谈谈在语言表达中如何使用归纳推理。

【案例】只有那些卓异而不平常的人才在世上著称

古时候虽富贵但名字磨灭不传的人,多得数不清,只有那些卓异而不平常的人才在世上著称。周文王被拘禁而扩写《周易》;孔子受困窘而作《春秋》;屈原被放逐,才写了《离骚》;左丘明失去视力,才有《国语》;孙膑被截去膝盖骨,《兵法》才撰写出来;吕不韦被贬谪蜀地,后世才流传着《吕氏春秋》;韩非被囚禁在秦国,写出《说难》《孤愤》;《诗》三百篇,大都是一些圣贤们抒发愤慨而写的。

策略分析:

本段是司马迁《报任安书》其中一段话的译文。

以下是司马迁的论证过程。

论题:古时候虽富贵但名字磨灭不传的人,多得数不清,只有那些卓异而不平常的人才在世上著称。

论据：周文王被拘禁而扩写《周易》；

孔子受困窘而作《春秋》；

屈原被放逐，才写了《离骚》；

左丘明失去视力，才有《国语》；

孙膑被截去膝盖骨，《兵法》才撰写出来；

吕不韦被贬谪蜀地，后世才流传着《吕氏春秋》；

韩非被囚禁在秦国，写出《说难》《孤愤》；

《诗》三百篇，大都是一些圣贤们抒发愤慨而写的。

在这里，司马迁列举了周文王、孔子、屈原、左丘明、孙膑、吕不韦、韩非、《诗经》的作者们等著称于世的人为例，说明在优裕的环境中生活的人很难做出成就，而遭遇困难或被打击的卓异不群的人才更能做出成绩。事例选取的范围广泛，且非常具有代表性，因此很有说服力。

【案例】语言不具有阶级性，而具有全民性

在没有阶级的社会中，根本谈不到阶级的语言。原始氏族社会是没有阶级的，因此当然不可能有阶级的语言，那时语言对人们和整体是共同的、统一的。至于语言的发展，从氏族语言到部落语言，从部落语言到资本主义以前的民族语言，从资本主义以前的民族语言到资本主义时期的民族语言，在发展的各个阶段上，作为人们在社会中交际工具的语言，对社会是统一的、共同的，它同样地为社会一切成员服务，而不管他们的社会地位如何。

策略分析：

这段话中运用了归纳推理对"语言不具有阶级性，而具有全民性"这个论题进行论证。以下是论证过程。

论题：语言不具有阶级性，而具有全民性。

论据：氏族时期的语言不具有阶级性，具有全民性；

　　　部落时期的语言不具有阶级性，具有全民性；

　　　资本主义以前的民族语言不具有阶级性，具有全民性；

　　　资本主义时期的民族语言不具有阶级性，具有全民性。

这段话将语言演变发展的阶段一一进行列举，分别说明各个阶段的语言都不具有阶级性，而具有全民性，用以论证"在发展的各个阶段上，语言都不具有阶级性，而具有全民性"这个论题，由于论据中已将所有阶段的语言情况都进行了列举，这种论证方法叫作完全归纳推理，具有极强的说服力。如果前提全部是真实的，那么结论也必然是真实的。

【案例】2019 年的央视春晚彰显着创新的精气神

每一个时代都有不同的精神特质，2019 年的央视春晚，一个关键词不容忽视，那就是创新。从《"儿子"来了》《演戏给你看》等直抒胸臆的现实主义题材小品，紧扣民生热点、紧接时代地气；到《敦煌飞天》将芭蕾舞和传统文化相结合，美轮美奂惊艳观众；再到启用全媒体传播和 5G 传输，给观众带来耳目一新的视听体验，今年央视春晚可以说彰显着创新的精气神。不仅仅因为这是中央广播电视总台成立之后的首次春晚，更在于春晚是祖国发展进步的一个缩影，从中可以看到一个日新月异的中国，正在以创新赢得更大发展空间。

策略分析：

这是人民网的一篇网评中的一段话。论题为"2019 年的央视春晚彰显着创新的精气神。"以下是论证过程。

论题：2019 年的央视春晚彰显着创新的精气神。

论据:《"儿子"来了》《演戏给你看》等小品彰显着创新的精气神;

《敦煌飞天》舞蹈彰显着创新的精气神;

全媒体传播和 5G 传输彰显着创新的精气神。

在这段论证中,作者选取了小品、舞蹈、传播和传输方式三个方面的创新特征,用以论证整个春晚都彰显着创新的精气神,论据范围广,且具有代表性,因此能很好地证明观点。

【案例】谁能看到并揭示平常事情中不平常的奥妙,谁就能够推动科学的发展

其实,平常的事情往往隐含着极不平常的奥妙。谁能够看到并且揭示这个奥妙,谁就能够推动科学的发展。牛顿看到成熟的苹果从树上掉下来,研究它的原因,发现了万有引力的秘密,开创了物理学的一个新时代。瓦特从水开时蒸汽顶起壶盖的现象中受到启发,发明了蒸汽机。马克思从人们每天都在进行的亿万次的商品交换中发现了现代资本主义发生、发展和灭亡的规律,为无产阶级社会主义革命指明了广阔的道路。语言中也隐藏着很深奥的秘密。人类有语言,会说话,实在是一件了不起的大事。它是把人和其他动物区别开来的一个重要的标志。

策略分析:

这是叶蜚声、徐通锵《语言学纲要》中的一段话,这段话论证的观点是"平常的事情往往隐含着极不平常的奥妙。谁能够看到并且揭示这个奥妙,谁就能够推动科学的发展。"论证的方式是归纳论证,以下是论证的过程。

论题:平常的事情往往隐含着极不平常的奥妙。谁能够看到并且揭示这个奥妙,谁就能够推动科学的发展。

论据:牛顿看到成熟的苹果从树上掉下来,研究它的原因,发现了万有引力的秘密,开创了物理学的一个新时代;

瓦特从水开时蒸汽顶起壶盖的现象中受到启发,发明了蒸汽机;

马克思从人们每天都在进行的亿万次的商品交换中发现了现代资本主义发生、发展和灭亡的规律,为无产阶级社会主义革命指明了广阔的道路。

在这段论证中,作者分别列举牛顿、瓦特、马克思的例子,用以说明"谁能看到并揭示平常事情中不平常的奥妙,谁就能够推动科学的发展"这个中心观点,例子典型,与中心观点有紧密的联系,因此能很好地支撑论点。作者再通过这个被论证出的论点过渡到语言学的研究上,说明"语言"虽然是"平常的事情",但其中也"隐含着极不平常的奥妙",对它的研究非常重要,也就顺理成章了。

【学点小技巧】

由于归纳推理是一种或然性推理,其前提和结论并不存在必然联系,如果使用不当有可能会出现以偏概全、轻率概括的谬误,影响说服力。要想提高归纳推理的论证力度,可以参考以下几个小技巧。

1. 论据覆盖面要足够广泛、数量要足够多。举例论证和归纳论证的一个较大的区别就是举例论证可以只举一个例子,归纳论证则要求有多个例子。比如培根的"读史使人明智,读诗使人灵秀,数学使人周密,科学使人深刻,伦理学使人庄重,逻辑修辞之学使人善辩:凡有所学,皆成性格。"为了论证"凡有所学,皆成性格"这个论题,培根分别列举了历史、文学、数学、科学、伦理学、逻辑修辞学六门学科对人性格的塑造作用,覆盖面够广、数量够多,因此这段话一直被奉为经典。当然,如果能按一定的标准对论据进行分类,这一分类能穷尽论题中的全部情况。如"语言不具有阶级性,而具有全民性"那段话中,论据就涵盖了论题中的全部情况。如果论据为真,那结论也就必然为真。这一种归纳推理的形式叫作完全归纳推理,也是一种必然性推理,很难被推翻。

2. 论据要足够典型。也就是说对于论据要精挑细选,不能眉毛胡子一把抓、捡到篮里就是菜。比如人才太多,无法一一列举,这时就要通过挑选,知道周文王、孔子、屈原和左丘明的人足够多,他们的成就更能说明遭遇困难的人才更能取得成就,因此具有很强的说服力。

3. 论据要真实。如果论据不真实,非但不能证明论点,反而会动摇论点。道听途说的事例、主观臆造的事例和由不合理推测得来的事例都不能作为事实的论据。特别是涉及人名、年代、国籍、出处等,都要力求真实准确,不能有硬伤。比如,有人说:"倘若不是蒙哥马利将军从失败中作反省继续努力,又怎能在滑铁卢战役中大败拿破仑呢?"蒙哥马利生于 1887 年,卒于 1976 年;拿破仑生于 1769 年,卒于 1821 年。两人之间没有交集,因此蒙哥马利不可能大败拿破仑。这样的论据就无法说明论点。

4. 论据要与论题相关。比如这段话:"失败是成功之母。刘备'三顾茅庐'终于请到诸葛亮出山;玄奘西行五万里,历经艰辛,到达印度佛教中心那烂陀寺取得真经。"论题是"失败是成功之母",而所选取的论据只体现了坚持的力量,并没有体现"失败"对"成功"的作用,这样的论据和论题没有太大联系,也就不能用来证明论题。

【思考题】

1. 运用归纳推理论证坚持的重要性。

2. 运用归纳推理说服别人早睡。

08. 切忌避免受凉/多重否定词

【学点小知识】

直言判断的联项分为肯定和否定两种形式。否定形式通常通过使用"不是""没有""未"等词汇来表达。例如,在句子"苹果不是方的""超市没有关门""妈妈还未起床"中,都表达了否定的含义。

为了增强语气,人们有时会采用多重否定的表达方式。例如,通过使用双重否定来强化肯定的意味,或者利用三重否定来加强否定的效果。如果这种多重否定的使用得当,它不仅可以增强语气,还能使语言形式更加丰富和多样化。

然而,如果多重否定使用不当,很可能会导致表达出的意思与说话人原本的意图大相径庭。接下来,让我们通过一些案例来具体了解这一点。

【案例】有意还是无意?

在一次预审中,预审员与被告人面对面坐着。

预审员问:"你要老实说,你有没有在这次动乱中参与抢劫国家财产?"

被告人回答:"我不是说我这次没有参加抢劫,而是说我无意之中去拿了国家的东西。"

预审员问:"这不能不说是无意的。你拿国家的财产,门卫制止时你不听,还结伙去抢,你说这叫什么?"

问题分析:

在这次预审中,被告人最初采用了双重否定的句式来混淆视听,既没有否认犯罪,但又不直接承认,并将"抢劫"一词换成了"无意之中去拿了国家的东西",避重就轻。这让预审员很不高兴,于是预审员想要纠正他,也使用了多重否定的句式:"这不能不说是无意的。""不能不"就是"必然",因此预审员实际表达出来的意思就变成了"这必然可以说是无意的。"和他内心本来想表达的意思完全相反,等于间接承认了被告人对于"抢劫"的定义。

【案例】"切忌避免受凉"

张华因为肠胃不适再次进了医院,医生认出他是前几天就诊过的患者,于是问道:"你上次出院时我不是交代过你了吗? 你为什么不听医生的嘱咐。"

张华苦笑着说:"医生,我要是听您的嘱咐,怕是早就又回来了。"

医生不明白,问他:"为什么这么说?"

张华拿出上一次的出院单,只见上面清清楚楚地写着:"切忌避免受凉!"

问题分析:

汉语中有一些词语隐含了否定的含义,比如防止、严禁、避免、缺少、拒绝、否认、小心等,在使用时如果不留意,有可能表达出来的意思就和真正想表达的意思相反了。比如"严禁抽烟"已经表达了"不要抽烟"的意思,如果再加上一个否定词,如"严禁不要抽烟",意思就变成"请抽烟"了。这个故事中的"切忌"和"避免"都表达了否定的含义,双重否定表肯定,因此这份医嘱的字面含义是"要受凉",和医生原本想表达的意思不一样了。这里的"切忌"应改为"切记",才符合医生想表达的意思。

【案例】需不需要雷锋精神?

某小学组织了一次学雷锋的活动,新来的校长在主席台上慷慨陈词。

校长从网上看到有些地方说雷锋精神已经过时了,认为有必要给同学们做一次思想教育,并让人全程拍下视频,由班主任们转发班级群,让家长们也跟着学习。

演讲的最后,校长说:"当然要赋予雷锋精神新的内涵,但谁又能否认现在就不需要学习雷锋了呢?"

同学们都点头称是,但站在台下的老师们却面露疑惑。当校长要求老师们把视频转发班级群时,一名勇敢的老师说出了自己的疑问:"校长,我们现在究竟需不需要学习雷锋精神呢?"

"雷锋精神当然要学,刚刚我讲的内容你是不是一句都没听进去?"

"我都认真听了,比如最后一句您说的是:谁又能否认现在就不需要学习雷锋了呢?"

问题分析:

校长的原意是想强调现在还需要学习雷锋精神,但误用了三重否定("否认"是一重否定,"不需要"是二重否定,再加上反问,共是三次否定),结果成了一个否定判断,也就是"现在不需要学习雷锋了"。为了更准确地传达校长的原意,我们可以采用以下四种修改方式。

1. 去掉一重否定,把"否认"改为"说":但谁又能说现在就不需要学习雷锋了呢?

2. 去掉一重否定,把"就不需要"改为"仍然需要":但谁又能否认现在仍然需要学习雷锋呢?

3. 去掉表示反问语气的词语,变为只有两重否定的陈述句:但没有人认为现在就不需要学习雷锋了。

【案例】这两句话意思一样吗?

李明对张路说:"我通过学习化学,才懂得了并非所有金属都比水重。"

张路没听清,反问道:"怎么,所有金属并非比水重?"

李明以为张路说的和他自己说的是相同的意思,于是非常肯定地说:"是的,肯定是这样的。"

但张路却坚决反对这一点。为此二人争得面红耳赤。

旁边一个同学仔细听了他们的争论以后,说:"你们自己把问题搞混了。"

问题分析:

否定词的位置不同,表达的意思也可能不一样。"并非"放在整个判断前面的时候,表达的是对整个判断的否定,意思等同于这个判断的矛盾命题。李明话中的"并非所有金属都比水重。"根据直言命题的对当关系原理,意思等同于"有的金属不是比水重。"

而张路所说的"所有金属并非比水重。"由于"并非"处于联项的位置,是对谓项的否定,"并非"就等同于"不是"。因此张路的意思实际上是"所有金属都不是比水重。"

两人的意思完全不同。但由于李明没有意识到"并非"的位置变化会导致句子意思的变化,因此与张路产生了分歧。两人的化学知识都没有问题,有问题的是逻辑学知识。

【学点小技巧】

通过观察前面的几个案例,我们可以得出一个初步的认识:误用否定词可能会导致沟通中的误解,尤其是在使用多重否定时,很容易让表达的意思与实际意图背道而驰。尽管如此,否定词在日常生活中扮演着重要角色,它们不仅有助于我们表达否定的概念,而且通过多重否定的使用,还可以加强语气、传达情感。因此,我们不能完全避免使用否定词,特别是在需要强调某些观点时。如果要使用多重否定,以下小技巧可以让我们避免出错。

1. 明确"双重否定表肯定,三重否定表否定"。生活中常见的多重否定主要是"双重否定"和"三重否定"。当然,如果出现了三重以上的否定,也可以以此类推。比如"四重否定表肯定,五重否定表否定。"

2. 识别一些容易被忽视的否定词。比如"切忌、防止、严禁、避免、否认、禁止、小心、当心"等,这些词语往往也表达了否定的意思,如"切忌玩水""防止近视""严禁吸烟"……如果再叠加其他的否定词,可能就会表达出和本来意思相反的意思。

3. 别忘了反问语气也是一重否定。反问是借助疑问句式来表达确定的意思,以加强肯定或否定语气的一种修辞方法。反问句用肯定形式反问表否定,或用否定形式反问表肯定。当反问句里的动词是否定形式时,相应的陈述句就是一个肯定句。比如"难道不是吗?"表达的意思就是"是"。因此在计算否定词的数量时,要把反问的语气考虑进去,将肯定变成否定,否定变成肯定,再进行计算,以确定句子最终表达的是肯定还是否定的含义。

4. 注意否定词的位置。当否定词在整个句子的前面时，表达的是对整个句子的否定。从逻辑上来说，在一个判断的前面加上"并非"后，表达的就是整个判断的负判断，如果想更明确整个句子的意思，可以对负判断进行等值转换。但要注意简单判断的负判断等值转换的原则：凡是否定词否定的对象都需要变成对立面。如"所有"变为"有的"；"有的"变为"所有"；"必然"变为"可能"；"可能"变为"必然"；"是"变为"否"；"否"变为"是"。下面举两个例子来帮助理解。

（1）不可能所有鸟都会飞=必然有的鸟不会飞。

（2）并非所有的鸟都不可能会飞=有的鸟可能会飞（不可能前面有个否定词"不"，因此对立面就是"可能"）。

【思考题】

1. 在一场辩论中，你想强调对手的观点不仅是错误的，而且是荒谬的。设计一个包含多重否定的句子来强化这种表述。

2. 经理对员工说："你不应该不报告任何安全事故。"思考这种含有多重否定的工作指令可能带来的混淆，并改写成一个不含多重否定的表述。

第三章

如何做事——运用逻辑解决生活难题

01. 我明白了/利用类比突破限制

【学点小知识】

杰出的物理学家开普勒曾经高度评价了类比推理的作用,称其为"最可靠的老师"。尽管类比推理提供的结论具有或然性,需要后续进行检验与证实,但它通过揭示不同领域之间的相似性,有助于我们超越现有知识的局限。类比推理在科学探索中扮演着关键角色,尤其在形成科学假说和推动创新发明方面,它是科学发现的重要"触角"。

科学上许多重要的理论,最初都是通过类比推理提出来的。比如荷兰物理学家、数学家惠更斯提出的光的波动说,英国医生詹纳发现"种牛痘"可以预防天花等,都是通过类比推理获得成功的。很多发明创造也离不开类比推理的作用。如科学家们受到蝙蝠"超声导航系统"的启发发明了雷达;根据蜂窝结构强度和刚度大、隔热和隔音性能好的特点,将之应用于飞机、火箭的建筑结构上。这些都体现了类比推理的作用。

当然，类比推理的这种优势不仅仅能用来推动科学的发展，也能够帮助我们解决很多日常生活中的难题。类比推理能够启发人们的思维，在创造性思维活动中，常常应用到类比推理。日常生活和工作中的所谓举一反三，触类旁通，就是类比推理的运用。接下来，我们将通过一些生活中的实例来探讨类比推理的应用。

【案例】称一知十

有个卖饼的小贩挑着饼进城去卖，为了赶时间走得比较快，正好迎面撞上了一个赶路的农民。这种饼是环形的，很容易碎，担子打翻了，饼就掉在地上全摔碎了。农民愿意赔付五十个饼的钱，小贩却说自己的饼一共有三百个。两个人吵得不可开交，旁观的人议论纷纷，想不到办法解决。当地官员了解了事情经过后，从别的地方买来了一个同样大小的环形饼，称出重量，再将碎落在地的饼聚在一起称出重量，除以一个饼的重量，算出掉落在地的饼的个数。于是双方都再没有异议，旁观的人都赞叹佩服。

策略分析：

在这个案例中，如果思维局限在掉落在地的饼上，由于饼全都碎了，就没办法估计一个准确的量。而当地官员的思维就跳出了地上的饼的范围，借助一个同类的事物，来推测出地上饼的数量。由于同一个地区同类食品的规格都有相似之处，再加上可以与小贩进一步确认饼的大小，所以这种类比还是比较合理的，用以推算的结果也是比较准确的。

可见，类比推理如果运用得当，可以突破物体本身的限制，用以获取我们需要的信息。类比推理的这一作用，在案件审理中非常有用，请看下面的例子。

举一反三：

1. 张举当县官时，县里有一个妇人杀了丈夫，再放火烧毁房屋，谎称"丈夫是被大火烧死的"。丈夫家的人怀疑妇人，向官府告状。妇人不认罪。由于人死不能复生，也不能用活人来做实验，张举想到了可以用同样有生命、会呼吸的猪来进行类比推理。于是张举牵来两头猪，一头死了，一头活着，用柴火架着焚烧。被活着烧死的猪嘴里有灰，死后再烧的猪嘴里没有灰。再次验尸，发现妇人的丈夫嘴里没有灰，拆穿了妇人的谎言，经审讯后妇人承认了罪行。

2. 西拉克斯的国王命令金匠打造了一顶纯金皇冠。皇冠被造好后，国王怀疑皇冠不是纯金的，但无法在不毁坏皇冠的情况下找到解决方法，于是他请教好友阿基米德。阿基米德冥想苦思，终于在洗澡时，想到了解决办法。他发现自己进入澡盆洗澡时，身体越往里浸，从盆里溢出的水就越多。他通过将人体与皇冠进行类比，推断出可以通过测量排水量来确定等重黄金与皇冠的体积和密度。

3. 有一桩司机驾车故意致人伤害的民事案件，由于受害人未能向法庭提交充分证据证明伤情确系肇事车所致，因此受害人两次上公堂都输了官司。后来受害人的代理律师意外发现，受害人全身唯一一处外伤在其左大腿内侧。律师推断，这不可能是跟地面接触所致，只能是与外部某物单独接触才能形成。于是，他亲赴现场做了模拟试验。试验表明，类似受伤部位、大小和皮肤灼伤特征应当是轮胎与人体摩擦导致，这就能证明曹某确有肇事行为。后来公安局专案组成员再次做了模拟实验，再加上法医的鉴定结果，形成了完整的证据链，拆穿了肇事者的谎言。

【案例】鲁班造锯

鲁班是春秋时鲁国的能工巧匠。传说鲁班有一次承造一座大宫殿,需要用很多木材,他叫徒弟上山去砍伐大树。当时还没有锯子,砍树只能用斧子砍,一天砍不了多少棵树,木料供应不上,他很着急,就亲自上山去看看。山非常陡,他在爬山的时候,一只手拉着丝茅草,一下子就把手指头拉破了,流出血来。鲁班非常惊奇,一根小草为什么这样厉害?他一时想不出道理来。在回家的路上,他就摘下一棵丝茅草,带回家去研究。他左看右看,发现丝茅草的两边有许多小细齿,这些小细齿很锋利,用手指去扯,就划破一个口子。这提醒了鲁班,他想到如果制作出类似丝茅草那样带有锯齿的铁片,就可以用它来锯树了。于是,他就和铁匠一起试制了一条带齿的铁片,拿去锯树,果然成功了。有了锯子,木料供应问题就解决了。

策略分析:

丝茅草的叶片又软又薄,轻轻一折就可以折断,但就是这样软薄柔脆的叶片,却可以拉破人的手指。鲁班被引起了好奇心,于是将丝茅草带回家研究,发现丝茅草的叶片两侧有密密的细齿,这一特点确实是平常所见的其他草叶所不具备的。这让正在寻找合适工具的鲁班灵光一现,想到如果设计出一种类似丝茅草的工具,轻轻一拉,树木不就能被割开一条口子吗?他运用类比推理的方法,根据丝茅草的特点,设计出了一种新的工具。

正是因为鲁班具备了类比思维的能力,当他的手指被丝茅草割伤时,他才得以灵感迸发,想到可以发明一种类似的工具。这个例子充分展示了类比思维在人类工具发明和创造过程中的重要作用。

下面再来看几个类似的案例。

举一反三：

1. 法国医生雷奈克为一位年轻的胖女孩看病,想诊断她的心脏和肺部是否正常,他想,怎么做才能诊断清楚又不失礼貌呢? 正巧这时他看见几个小孩在玩木板传声的游戏,就是一个人在木板的一头说话,另外一个孩子在另一头听,而且听得很清楚。雷奈克灵机一动,用一叠纸制成了一个简易的听诊器,效果非常好。于是,历史上第一个听诊器就这样诞生了。

2. 有一名叫杰福斯的牧童在放牧时睡着了,羊群越过牧场边的铁丝把旁边的菜园给糟蹋了,杰福斯也被痛骂了一顿。于是杰福斯一直在思考,如何确保即使在自己睡着的时候,羊群也不会离开牧场。经过长期观察,杰福斯发现羊群从不到旁边的玫瑰园去,因为羊群怕玫瑰花的刺。杰福斯于是也模仿玫瑰花身上的刺,将铁丝剪成 5 厘米左右的长度,接在牧场边的铁丝栅栏上当刺。起初,羊群尝试着越过铁丝网,但每次它们尝试时都会被铁丝网刺疼,不得不退回来。经过几次这样的尝试和失败后,羊群逐渐学乖了,不再试图去跨越铁丝网。杰福斯成功了,他还申请了专利,于是这种带刺的铁丝网传遍了全世界。

3. 小时候由于不具备条件,很多小朋友都做过许多"发明创造":没有弹弓玩时,就用一根橡皮筋套在拇指和食指上当作弹弓;没有沙包玩时,就用袜子包着豆子来当作沙包;没有橡皮泥玩时,就将泥巴当作橡皮泥……这也是类比推理的应用。

【案例】我明白了

学习物理时,小明一直难以理解电容器的概念。小明的妈妈曾经也是一名理科生,于是她向小明提出了一个问题:"如果我们把电容器比作一个蓄水池,你觉得它们之间有哪些相似点呢?"

小明翻了翻书上的知识,又想了一会儿,说道:"在功能方面,蓄水池可以储存水,用以浇灌庄稼;电容器可以存储电荷,在需要的时候释放能量。它们都有存储和释放的功能。"

妈妈点点头,补充道:"蓄水池在使用时要注意,如果往蓄水池中不断蓄水,水就会从蓄水池中漫出来,甚至会破坏蓄水池,出现坍塌的情况。如果往电容器中不断充电,超过了一定的界限,将会发生什么呢?"

小明答道:"我明白了,会损坏电容器。"

妈妈对小明竖起了大拇指。就这样,小明理解了电容以及电容器的概念。

策略分析:

小明在学习电容器的概念时,如果仅仅依靠书本上的文字描述,他可能会发现很难理解其含义,记忆起来也相当困难,更别提将这些知识应用到实际生活中了。然而,小明的妈妈运用了类比推理的方法,将电容器比作日常生活中常见的蓄水池,这样的类比帮助小明理解了电容器的作用和操作时需要注意的事项。通过这种类比,知识变得容易理解,也更加生动,使得小明能够更有效地将所学知识应用到现实生活中。

这个案例展示了类比推理在学习新知识过程中的重要作用。当我们面对一个全新的概念或学科时,可以尝试将其与我们已经了解的概念或知识领域进行比较,以此来加深对新知识的理解。这种学习策略不仅有助于我们更快地掌握新知识,还能帮助我们更好地记忆和应用这些知识。下面我们再来看几个例子。

举一反三：

1. 学习光学的时候,可以将光的传播与声音的传播进行类比,从而更好地理解光的行为;

2. 学习四边形的时候,可以先回顾学习三角形的路线图,如先认识一般三角形,包括其概念、性质、判断和运用,然后再将三角形的"边"和"角"特殊化,学习特殊三角形的概念、性质、判断和运用。学习四边形也可以按照这样的方法进行学习。

3. 学习语文课文后,可以进行类似文章的阅读,巩固学到的阅读方法。

【案例】棉花打顶

有一个种植棉花的人,常常为如何提高棉花的产量而伤脑筋。有一次,他了解到在种植甜瓜时,为了调节植株的养分,增加侧枝,促进挂果,在甜瓜苗刚长出两片真正意义上的叶子时,人们就剪去主干的顶端,也就是"打顶"。打顶过后的甜瓜苗侧枝发达,结瓜早,产瓜多。于是这个种植棉花的人在棉花刚长出两片真叶时就开始给主干"打顶",果然棉桃结得早,棉花产量也更高。

策略分析：

棉花植株在生长初期主茎一枝独大,会耗去不少营养,妨碍侧枝的生长,进而也就限制了棉桃的数量。种植棉花的人运用类比推理的方法,将从甜瓜种植中发现的方法应用于棉花种植中,取得了很好的效果。植物的生长过程与其花、茎、叶、果等结构特征之间存在许多相似性,这为我们提供了一个机会,通过类比推理的方法,我们可以将已经证明有效的种植技术或生产方法应用到其他作物的种植与生产加工中。这样做不仅可以提高农业生产的效率,还可以带来更大的经济效益。下面再看一些类似的例子。

举一反三:

1. 有一个青年去山上砍柴,看到满山坡的红色酸棘子,他不禁摘了几颗尝了尝,发现这种果实酸里带甜,而且含有淀粉。他联想到家里的玉米棒子也有这样的属性,能够酿酒,他想是不是酸棘子也能酿酒呢。于是他把他的想法告诉了一家酒厂,通过几次实验,终于获得了成功,酿出了美酒。

2. 美国加利福尼亚州和中国浙江省的黄岩地区在地形、水文、土壤等自然环境方面具有相似性,同时两地在温度、湿度、光照等气候条件上也颇为相近。鉴于浙江省的黄岩地区适宜柑橘种植,人们便推测将黄岩的柑橘移植到加利福尼亚州可能会同样适宜其生长。随后的实践证实了这一想法的正确性,黄岩柑橘在加利福尼亚州确实能够良好生长。

3. 姚士昌是中国山东省的农民科学家,他通过观察和实践,发现对于黍子这种作物来说,扒土让根部暴露在空气中可以促进其生长并获得更好的收成。由于花生和黍子都属于农作物,并且有一些共同的生长特性,姚士昌便运用了类比推理,推测同样的方法可能适用于花生。基于这一假设,他对花生进行了实验,结果显示扒土确实能够促进花生的生长并带来更高的产量。这一发现不仅是通过直接观察得出的,还涉及了从一个已知事实出发,应用于另一个相关但不同情况的逻辑思考过程,即类比推理。

【思考题】

1. 给出一个例子,说明如何使用类比来帮助小学生理解电流。

2. 有一次,海边的居民请求鲁班为他们制造一艘能出海打鱼的船。鲁班投入了大量的精力和时间,反复思考和尝试,却始终无法成功。一天,鲁班的妻子去河边洗衣服,将她穿的包头鞋放在河堤上,然后赤脚在水边洗衣。突然一阵风吹来,鞋子被吹进了河里。她急忙跳进河里去捞鞋子,但鞋子在河里漂来漂去,好一会儿才终于捞上来。妻子回家后,将这件事告诉了鲁班。鲁班看了一眼包头鞋,然后仔细研究起来。突然,他似乎有所发现。于是,鲁班仿照包头鞋的设计,成功制造了一艘适合出海打鱼的木船。

请问,在这个故事中,鲁班是怎样发明打鱼的船的呢,试着说说他的推理过程。

02. 人到齐了/利用归纳总结情况

【学点小知识】

归纳推理是由个别的事物或现象推出该类事物或现象的普遍性规律的推理,是由特殊推出一般的思维过程。科学的发展离不开归纳推理,我们日常生活中也在自觉或不自觉地做着归纳推理,比如战国时期的神射手更羸,他看到大雁飞得很慢,听到大雁的叫声凄惨,就推断出这只大雁长久离群且体内受了严重的创伤,因此拉响弓弦,让大雁受惊高飞,自己掉落下来。更羸对大雁状态的正确判断,离不开长期的观察总结。这种观察总结从而得出经验结论的过程,就是归纳推理的过程。

归纳推理可以根据是否考虑了某一类别中所有个体的情况,分为完全归纳推理和不完全归纳推理。在不完全归纳推理中,根据前提条件与结论之间是否存在必然的联系,可以进一步分为简单枚举推理和科学归纳推理,我们用 S 表示前提条件,P 表示结论。下面我们结合案例来了解如何在生活中使用这三种推理方式。

完全归纳推理的实质是从"每一个"推出"全部",由于没有遗漏任何可能的例外情况,因此是一种必然性推理。只要前提为真,推理过程是符合规则的,其结论也必然为真。比如下面这个例子:

小王理发店会推销办卡;

芳芳理发店会推销办卡;

柔飘理发店会推销办卡。

小王理发店、芳芳理发店、柔飘理发店是这条街的全部理发店。

所以,这条街的所有理发店都会推销办卡。

为了便于运用,人们将完全归纳推理的逻辑形式提炼为以下公式($S_1, S_2, S_3, \cdots, S_n$ 表示不同的前提条件,后同):

S_1 是(或不是)P;

S_2 是(或不是)P;

S_3 是(或不是)P;

……

S_n 是(或不是)P。

$S_1, S_2, S_3 \cdots S_n$ 是 S 类的全部分子。

所以,S 是(或不是)P。

以下为"完全归纳推理"的应用案例。

【案例】人到齐了

公司要出去团建,领导让小曾负责组织此次活动。小曾将公司里的所有员工(包括领导)都进行了分组,一共分为八个组,每组十二个人,每个组设立了一个组长。小曾将责任落实到每个组的组长身上,而他只负责联络组长。每到一个景点,小曾就让组长清点人数后在公司群里汇报清点结果,小曾则关注是不是每个组的组长都在群里反馈了情况。如果哪个组的组长漏报了,小曾就会打电话给对应组长确认情况,直到每个小组的情况都了解完后,才进行下一步安排。

策略分析:

由于出去旅游需要随时掌握每一个人的情况,不能有任何遗漏,以免出现意外状况,在这种时候,就特别适合运用完全归纳推理。小曾清点人数时所进行的推理过程可表示如下:

第一组人员全齐;

第二组人员全齐;

第三组人员全齐;

……

第十二组人员全齐。

<u>第一组、第二组、第三组……第十二组是本次出游的全部小组。</u>

所以,所有出游人员都到齐了。

完全归纳推理虽然能够提供必然性结论,因而结论的可靠性较高,但在实际生活中,由于某些事物的个体数量庞大,我们很难对每一个个体都进行考察,这使得完全归纳推理的应用受到了限制。此外,即便有可能对所有个体进行考察,这个过程也可能非常耗时,导致效率低下,从而不适宜应用于需要快速做出决策的情境。

【案例】师傅考徒弟

有一位师傅带了两个徒弟,两个徒弟学手艺都很认真,又都一样手巧。有一天，师傅想考一考两个徒弟，看谁更聪明一点儿，于是将两个徒弟叫到面前说："这里有两筐花生，我想知道里面每一粒是不是都有粉红衣包着花生？我现在给你俩一个人一筐，你俩回去就剥开花生的皮看。看谁能先回答我的问题。"

大徒弟刚听完，为了争取时间，二话没说就端起筐往家跑。一到家就赶紧剥起来，连饭都顾不上吃，急得出了满头大汗。

二徒弟听了师傅的话，没有像师兄那样着急，而是不慌不忙地端着筐回到家。他没有急着剥花生，而是对着花生看了又看，思索了一下，然后将花生按大小进行了分类，从大到小各挑了几个作为代表；又根据成熟程度对花生进行分类，从生到熟又各挑了几个作为代表。总共不过一把花生。他把这些不同类型的花生剥去了皮，发现不论肥大的、瘦小的、熟好的、没熟好的，都有粉衣包着花生仁。他非常高兴地自言自语道："用不着全剥了，所有的花生都有粉衣包着花生仁。"

大徒弟怕师弟赶过自己，就派妻子前去打探情况。妻子回来说："你师弟只剥了二三十个，就不剥了。"

大徒弟听了，心里高兴，剥的也更起劲了。从早晨一直到太阳落山，一筐花生终于被大徒弟剥完了。大徒弟松了口气，伸了个懒腰，自言自语地说："每一个花生都有粉衣包着花生仁。"于是急忙去向师傅报告。

然而，当大徒弟匆匆赶到师傅面前时，却发现师弟已经捷足先登，在师傅面前报告了与他相同的结论。

策略分析：

在这个案例里，大徒弟采用的是完全归纳推理，二徒弟采用的则是不完全归纳推理中的简单枚举推理。由于师傅在命题中有时间限制,而花生的数量又比较多,这种情况下,简单枚举推理就更有优势。实际上,我们在日常生活中经常会遇到类似的情况,比如进行抽样调查或抽查检验等,这些都属于简单枚举法的应用范畴。简单枚举法通常遵循的公式是:

S_1 是(或不是)P;

S_2 是(或不是)P;

S_3 是(或不是)P;

…………

S_n 是(或不是)P。

$S_1,S_2,S_3……S_n$ 是 S 类的部分(或者代表性)个体,没有遇到过反例。

所以,S 是(或不是)P。

根据这个公式,上面的案例则可表示为:

第一颗花生有粉衣包着花生仁;

第二颗花生有粉衣包着花生仁;

…………

第 n 颗花生有粉衣包着花生仁。

第一颗、第二颗、第三颗……第 n 颗是这一筐的花生的代表性个体,没有遇到过反例。

所以,这一筐的所有花生都有粉衣包着花生仁。

简单枚举推理作为一种效率较高的归纳推理方式,在生活中的应用比较广泛,比如下面的这个案例也运用了简单枚举推理。

【案例】地震前的预兆

地震对人们的生命和财产安全构成了巨大的威胁。为了减少地震带来的损失和避免伤亡，人们一直在寻求一种方法来预测地震，以便能够提前做好准备。通过观察多次地震事件，人们注意到在地震发生前，常常会出现一些异常现象，如鸡飞狗跳、牛羊四处奔跑等。基于这些观察，人们开始将这些异常现象视为地震即将来临的征兆。当再次出现这些现象时，人们会携带重要的财物，提前转移到开阔地带以躲避地震。这种做法确实有效地减少了地震造成的损失。

策略分析：

在此案例中，由于观察条件的限制，例如并非所有地点都能观察到鸡鸭牛羊的行为，且并非任何时候都方便进行观察，加上不同年份的观察经验难以汇总，以及尚未发生的地震无法被观测，人们对于地震征兆的推理仅限于不完全归纳推理中的一种形式——简单枚举推理。然而，科学界对于这种基于观察的推理结果并不全然接受。由于当时人们尚不了解这些动物行为异常现象背后的科学原理，因此也未能解决观察条件的局限性问题。

为了验证这些动物行为是否真的能够作为地震的预警信号，以及如何更有效地利用这些征兆，科学家们开始深入研究地震前动物的行为异常现象与地震本身之间的因果关系。经过一系列的研究，他们最终发现，地震发生前，地壳的变动会导致地下岩石破碎，释放出大量的带电离子进入空气中。这些带电离子能够影响到动物的神经系统，引起它们体内血清素含量的增加，从而导致它们出现各种异常行为，如鸡飞狗叫、牛羊乱窜等。这一发现揭示了动物行为异常与地震之间的因果联系。

因此，原本基于简单枚举推理得出的结论，在揭示了其中的科学原理后,上升为了更加可靠的科学归纳推理。科学归纳推理是根据一类对象中的部分对象的特征及这些特征之间的内在联系,来推测该类对象整体的特征或规律的一种推理方法。尽管科学归纳推理仍然具有一定的不确定性,但由于它是基于大量观察和实验证据得出的,因此其可靠性通常非常高。科学归纳法推理的逻辑形式可用下面的公式表示:

S_1 是(或不是)P;

S_2 是(或不是)P;

S_3 是(或不是)P;

…………

S_n 是(或不是)P。

$S_1, S_2, S_3 \cdots S_n$ 是 S 类事物中的部分对象并且它们与 P 有因果联系。

所以,所有 S 都是(或不是)P。

地震征兆的案例可用公式表示如下:

第一次被观察到征兆的地震出现了鸡飞狗叫、牛羊乱窜的现象;

第二次被观察到征兆的地震出现了鸡飞狗叫、牛羊乱窜的现象;

第三次被观察到征兆的地震出现了鸡飞狗叫、牛羊乱窜的现象;

…………

第 n 次被观察到征兆的地震出现了鸡飞狗叫、牛羊乱窜的现象。

第一次被观察到征兆的地震、第二次被观察到征兆的地震、三次被观察到征兆的地震……第 n 次被观察到征兆的地震是所有地震中的部分地震并且它们与鸡飞狗叫、牛羊乱窜的现象有因果联系。

所以,所有地震都会出现鸡飞狗叫、牛羊乱窜的征兆。

科学归纳推理由于属于不完全归纳推理,因此不必考察某一类现象中的所有个别现象,克服了完全归纳推理的条件限制;又由于揭示了事物间的因果联系,增加了结论的可靠性,极大地克服了简单枚举归纳推理的或然性,对于研究现象、揭示规律来说,是一种非常重要的推理形式。

从科学归纳推理的推理形式上看,探求因果关系是一项重要任务。如果没有了解和掌握对象与属性之间的因果联系,就无法进行科学归纳推理。

那么,如何探求事物现象之间的因果联系呢? 请看下一节的介绍。

【思考题】

1. 德国数学家高斯,在计算从"1"到"100"这一连串要相加的数时发现:第一个数"1"和倒数第一个数"100"相加之和是"101";第二个数"2"和倒数第二个数"99"相加之和是"101";第三个数"3"和倒数第三个数"98"相加之和也是"101"……这些相应的首尾两个数之和全等于"101";而且这样排列成对的数,从"1"到"100"共有 50 对。根据这种性质,高斯很快就计算出,从"1"加到"100"的总和是:"101"ד50"="5 050"。

高斯计算从"1"加到"100"的总和的方法,运用了什么推理方法? 试着进行分析。

2. 有一个患头痛病的樵夫上山砍柴,一次不小心碰破了脚指头,出了一点血,但头却不痛了。当时他没有注意。后来头痛病复发,又偶然碰破原处,头痛又好了。这一来就引起了樵夫的注意,以后头痛发作时,他就有意地刺破这个脚指头,每次都有效果。这个樵夫所刺破的地方,就是现在针灸穴位中的"大敦穴"。

为什么这个樵夫以后在头痛时就想到要刺破脚趾头呢？在他的思维过程中运用了什么推理方法？

03. 成功的关键找到了/利用因果找到症结

【学点小知识】

因果联系是世界万物之间普遍联系的一个方面。科学的一个重要任务就是把握事物之间的因果联系，以便掌握事物发生、发展的规律。在日常生活中，了解问题的原因是解决问题的关键；把握现象背后的真正原因能让我们更有针对性地做出决策。

要找到现象的根本原因，揭示其背后的规律，并定位问题的核心，可以运用传统逻辑提供的五种因果推理方法：求同法、求异法、求同求异并用法、共变法和剩余法。这些方法有助于我们深入分析现象，以发现其内在的逻辑关系。下面我们分别来了解一下这五种方法，以便在生活中更好地运用它们。

一、求同法

求同法可具体表述为：如果在被研究现象出现的若干场合中，只有一个情况是共同的，那么，这个唯一的共同情况就与被研究现象之间有因果联系。下面我们结合一个例子来看看如何运用求同法去探求现象的原因。

【案例】甲状腺肿大的原因

以前医学上不知道甲状腺肿大的原因，医生们就在经常有人得这个病的各个地区进行调查研究，发现这些地方虽然人口密度、生活习惯、地理气候等情况各不相同,但有一个情况是共同的,那就是水分中都缺少碘,由此得出结论:缺碘是甲状腺肿大的原因。

策略分析:

求同法可用下面的公式来表示(A、B、C、D、E、F、G 表示不同情况,a 表示某种现象,后同):

场合	相关情况	被研究现象
1	A、B、C	a
2	A、D、E	a
3	A、F、G	a

所以,A 与 a 之间有因果联系。

把上面的案例套入这个公式就是:

场合	相关情况	被研究现象
医生走访地1	水分缺碘、气候干燥寒冷、面食为主	甲状腺肿大
医生走访地2	水分缺碘、气候湿润温暖、米饭为主	甲状腺肿大
医生走访地3	水分缺碘、气候潮湿炎热、海鲜为主	甲状腺肿大

所以,水分缺碘与甲状腺肿大之间有因果联系。

在上面的案例里,医生们的研究目标是探讨"甲状腺肿大"的成因。我们可以将"甲状腺肿大"记为研究的"被研究现象"。为了分析可能存在的因果关系,医生们选择了一些地区进行调查,这些地区构成了研究的"场合"。虽然出于篇幅限制,公式中仅列出了三个代表性地区,但实际上调查涵盖了更多的地区。在调查过程中,医生们考虑了多种可能影响甲状腺肿大的因素,包括当地饮用的水源、气候条件以及居民的饮食结构等,我们可以将这些因素列入"相关情况"一栏。经过详细的对比分析,医生们发现在所有调查的地区中,唯一一个普遍存在的共同特征是水分缺碘。由此,他们得出了结论,即水分缺碘与甲状腺肿大之间存在因果关系。

下面再来看一个案例。

【案例】成功的关键找到了

小李打算创立自己的服装公司,并依靠对行业的深刻理解,总结出了五个他认为对企业成功至关重要的因素。为了验证这些因素的有效性,他挑选了国内五家最知名的服装企业作为成功的典范,仔细研究它们身上所共有的成功要素。在这五个因素中,小李发现只有一个是这五家企业无一例外都具备的。基于这个发现,他坚信这个单一的共同因素是决定这五家企业成功的关键所在。在他自己的创业过程中,他也将这个因素作为核心考量因素之一,并最终取得了创业的成功。

策略分析:

小李寻找服装企业成功原因的办法就是求同法,这种办法由于考察的案例比较多,弥补了个例的偶然性,因此容易找到现象背后的真正原因。但由于求同法也是一种或然性推理,所得到的结果还是需要进行进一步验证。并且有些现象之间共同的因素太多,这个时候就不适用于求同法,可以参考一下以下的办法。

二、求异法

求异法可具体表述为:如果在被研究现象出现和不出现的两个场合中,只有一个情况不同,即在被研究现象出现的场合中它出现,而在被研究现象不出现的场合中它不出现,那么,这个唯一不同的情况就与被研究现象之间有因果联系。让我们结合下面的案例来加深理解。

【案例】化肥推广

在各地刚推广化肥的时候,很多地方的农民都不敢使用,因为毕竟是化学肥料,不如古老的粪肥看上去安全,如果使用不当,那这一年的收成可能就没了,说不定还会影响到土地原有的肥力,让土地变得贫瘠。有一名村长看到了这个情况,于是把自己的几块土地都从中间划开,两边种上同样的作物,耕作方式完全相同,唯一的不同是一边施了化肥,一边没有施化肥。结果施肥的那边都高产,不施肥的那边产量都不变。当地村民看到这种情况,于是便放心地使用化肥了。

策略分析:

求异法可用以下公式来表示:

场合	相关情况	被研究现象
1	A、B、C	a
2	—、B、C	—

所以,A 与 a 之间有因果联系。

在上面的例子中,土壤、水分、地势都相同的两边土地上种植同一品种的作物,只给一边土地施肥,另一边土地不施肥,结果施肥的一边高产,未施肥的一边没有变化,可用公式表示如下:

场合	相关情况	被研究现象
土地 1	施肥、土壤一般、水分一般、地势较低	高产
土地 2	不施肥、土壤一般、水分一般、地势较低	不变

所以,施肥与高产之间有因果联系。

在这里,村长用求异法验证了化肥对提高土地肥力的作用,用以说明化肥是提高土地肥力的原因,成功打消了村民们的顾虑。可见求异法不仅可用于探求现象的原因,也可以用来验证和揭示这个原因。求异法也适用于下面的情况:

【案例】

某边远地区有三个年轻人,分别是小张、小王、小李。一天,小张对小王说:"我想去南海,我应该怎么做?"小王说:"你靠什么到那么远的地方?"小张答:"我靠一个瓶,一个碗就足够了。"小王说:"我数年来想租只船南下,还不能够如愿;你这么穷,靠什么到那么远的地方?"小张说走就走,真的去南海了。第二年,小张从南海回来,并且告诉小王和小李来回的经过。小王立即感到很惭愧。小李心里想:此地到南海,行程几千里,小王想去而没有去成功,但小张想去却真的去了。他认识到了行动的重要性。小李很想去一趟北京,于是带着仅有的一些钱,踏上了去北京的路。一年之后回到了故乡,向小张和小王分享了在北京的见闻。

策略分析:

小张和小王之间有很多相同之处,他们都在一个地方,都想去南海,都是年轻人。但却有一点不同:小张想去南海就立即付诸实际行动,而小王则没有付于实际行动。结果,小张去了南海而小王却没有去。运用求异法可知,把到南海的愿望付于实际行动就是能够到南海的原因。小李发现了这个原因,因此也将自己到北京的愿望付于实际行动,最终实现了愿望。

求同法与求异法都各有优缺点与适用的场合,如果能将二者结合起来,互相验证,所确定的因果关系也许将更加可靠。

三、求同求异并用法

求同求异并用法可具体表述为：如果在被研究现象出现的若干场合（正事例组）中，只有一个共同的情况，而在被研究现象不出现的若干场合（负事例组）中，都没有这个情况，那么这个情况就与被研究现象之间有因果联系。下面我们结合案例来了解如何去运用它。

【案例】叶子的颜色

户外植物的叶子一般是绿色的，比如马铃薯、白薯、葱头、萝卜等的叶子就是绿色的，但如果把它们放在地窖里，它们新发芽长出的叶子就都没有绿色。把一株在户外生长的植物移入暗室中，它的绿色也会渐渐褪去；如果再把它移到户外，则绿色会逐渐恢复。由此可见，阳光照射是植物叶子长成绿色的原因。

策略分析：

求同求异并用法可用以下公式来表示：

场合	相关情况	被研究现象	
1	A、B、C、F	α	
2	A、D、E、G	α	正事例组
3	A、F、G、C	α	
……			
1	–、B、C、F	–	
2	–、D、E、G	–	负事例组
3	–、F、G、C	–	
……			

所以，A 与 α 之间有因果联系。

将上面的例子代入公式,可大致表示为:

场合	相关情况	被研究现象	
1	日照足、马铃薯	叶子绿	
2	日照足、白薯	叶子绿	正事例组
3	日照足、葱头	叶子绿	
4	日照足、萝卜	叶子绿	
5	无日照、马铃薯	叶子不绿	
6	无日照、白薯	叶子不绿	负事例组
7	无日照、葱头	叶子不绿	
8	无日照、萝卜	叶子不绿	

所以,阳光照射与叶子绿色之间有因果联系。

在这里,正事例组与负事例组研究的现象都是叶子的颜色。正事例组考察的植物品种各不相同,都放在日照充足地方,表现出来的共同特征是叶子的颜色都是绿的,因此得出的结论为日照充足是叶子绿色的原因;负事例组选用的植物品种和正事例组一样,唯一的不同就是植物生长的地方都没有阳光,而这些植物的叶子颜色也都不再是绿色的。通过正负事例组的双向比对,我们基本上就能确定阳光照射是植物叶子长成绿色的原因。下面再来看一个管理方面的案例。

【案例】兼听则明,偏信则暗

《资治通鉴》上记载了这样一件事:唐太宗问魏征:"君主怎样叫英明,怎样叫昏庸?"魏征回答:"广泛地听取意见就英明,偏听偏信就昏庸。当初尧能从下面了解情况,所以能及时得知有苗部族的叛乱;舜耳目灵通,所以不会受共、鲧、欢兜等人的蒙蔽。秦二世偏信赵高,结果被赵高篡权;梁武帝偏信朱异,以亡国告终;隋炀帝偏信虞世基,最后落得个国破身亡。可见,君主只有广泛听取意见,才不会被得势的官吏所蒙蔽,下情才能反映到上边来。"

策略分析:

在这个案例中,正事例组研究的对象身上都有"英明"的特点,所考察的相关情况中,国君各不相同,他们所处的朝代,身边的大臣,面临的政治情况也不相同,但都能广泛地听取意见,由此可知广泛地听取意见是国君可称为"英明"的原因;负事例组中,所研究的对象身上都有"昏庸"(不"英明")的特征,所考察的相关情况中,研究对象的身份也都是国君,但都偏听偏信(不能"广泛地听从意见"),因此得出结论,偏听偏信(不能"广泛地听从意见")是昏庸(不"英明")的原因。魏征的这番言论,运用了求同求异并用法说明"广泛听取意见"对国君能被称作"英明"的重要性,非常具有说服力。

当某些现象与相关因素之间难以观察到绝对的存在或不存在状态,且它们之间的关系并非总是一致的,我们便可以探究它们是否存在同步的变化趋势,以及变化方向是否始终相同。通过这种分析,我们能够推断它们之间是否存在因果联系。这种确定因果关系的方法被称为共变法。

四、共变法

共变法指的是,当我们观察到某个现象在不同情况下变化时,如果发现只有一个特定的因素每次都随着它发生变化,那么这个特定因素很可能就是导致该现象变化的原因。接下来,让我们通过两个实例来进一步了解这种逻辑推理方法的应用。

【案例】潮汐原理

对于钱塘江潮起潮落的现象,过去有一种比较流行的说法:战国时期,吴国相国伍子胥因为规劝吴王夫差拒绝越国求和并停止伐齐,而渐渐被吴王疏远,并最终被吴王屈杀,抛尸江中。他的冤魂从此便有规律地驱逐波浪,发出周期性的怒吼和冲击,以此申述他的愤懑不平。

但是汉代思想家王充并不这样认为,他经过长期的观察,指出:"涛之起也,随月盛衰,大小,满损不齐同。"意思是钱塘江海潮起落的原因是月亮的圆缺。月圆时海潮最为波涛汹涌,月亮渐缺时海潮也随之渐渐减弱。这就比较符合今天科学的说法了。

策略分析:

共变法通常用以下公式来表示:

场合	相关情况	被研究现象
1	A、B、C	a_1
2	A、D、E	a_2
3	A、F、G	a_3

所以,A 与 a 之间有因果联系。

上面那个案例套入公式可大致表示如下:

场合	相关情况	被研究现象
1	月圆、八月、水源充足	江潮较强
2	月亮半圆、八月、水源充足	江潮不强不弱
3	月缺、八月、水源充足	江潮较弱

所以,月亮的圆缺与江潮的强弱之间有因果联系。

在上面的公式中,虽然只选取了三个代表性的时间段,但实际的观察应当覆盖整个月的每一天。根据公式，我们可以发现，江潮的强弱变化与月亮的圆缺变化是同步的，即两者呈现出一致的变化趋势。这表明，月亮的圆缺与江潮的强弱之间存在某种因果联系。接下来，让我们继续探讨另一个运用共变法来研究因果关系的案例。

【案例】头发的暗示

某报纸报道了一项国外科学家的研究，该研究通过分析头发的化学成分，发现头发中含有较高比例的硫和钙。研究中的精确测量结果显示，心肌梗死患者的头发中钙含量降至极低水平。如果假设一个健康男性的头发中钙含量平均为 0.26%，那么一个心肌梗死患者的头发中钙含量可能仅为 0.09%。基于这一发现，科学家们推测，通过监测头发中的钙含量变化，可能有助于诊断心肌梗死的病情发展。

策略分析：

在这个案例中，科学家们通过对健康男性的头发进行化学成分分析，确定了健康男子头发中钙的平均含量为 0.26%。相比之下，心肌梗死患者的头发中钙的平均含量显著降低，仅为 0.09%。这种含钙量的变化与心肌梗死的存在呈现出一种共变关系，使得科学家们相信头发中的钙含量可能与心肌梗死的发病有因果联系。因此，他们提出可以利用头发中钙含量的测量来辅助诊断心肌梗死的进展情况，这是共变法在医学诊断中的一个应用实例。

有的时候，我们所要研究的是一个复合现象的原因，这个时候所考察的因素众多且复杂，我们就可以运用剩余法来确定他们的因果关系。剩余法的运用，还常常会让我们有意外的收获。

五、剩余法

剩余法可具体表述为:如果已知某一复合现象是另一复合现象的原因,同时又知前一复合现象中的某一部分,是后一复合现象中的某一部分的原因,那么前一复合现象的其余部分,就与后一复合现象的其余部分有因果联系。

【案例】海王星的发现

海王星没有被发现以前,天文学家观测到天王星的运行轨道上有四个地方发生倾斜现象,并且已知在三个方位上的倾斜是由三个已知行星吸引的结果,于是推断出另一个方位的倾斜现象是由于受到一颗未知行星引力的作用。后来,依据计算出来的位置,果然找到了这颗未知的行星——海王星。

策略分析:

剩余法可用以下公式来表示:

复合情况 A、B、C、D 与复合现象 a、b、c、d 有因果联系;

B 与 b 有因果联系;

C 与 c 有因果联系;

D 与 d 有因果联系;

所以,A 与 a 之间有因果联系。

我们将海王星的例子套入这个公式来看:

四个行星的引力作用与天王星四个地方的倾斜情况之间有因果联系;

行星 B 与倾斜 b 有因果联系;

行星 C 与倾斜 c 有因果联系;

行星 D 与倾斜 d 有因果联系；

所以，行星 A（未知行星）与倾斜 a 之间有因果联系。

在上例中，天王星轨道四个地方的倾斜情况是一个复合现象，原因复杂多样。研究显示，其中三个倾斜点由三个已知行星的引力引起。据此推测，剩下的一个倾斜点可能也是由一个未知行星的引力造成的。通过分析三颗已知行星的位置关系，天文学家们运用剩余法成功推断出这颗未知行星的存在，最终发现了海王星。

【案例】蹊跷的病人

清朝时期，有一位名叫于成龙的县官在一次前往邻县的途中，偶遇了五六名壮汉轮流抬着一张病床急匆匆地赶路。床上躺着的病人被厚重的被子覆盖，只有头发和一只凤钗露出，表明病人是一名女性。这一情景立刻引起了于成龙的怀疑：为何需要这么多壮汉来抬一个妇女？他觉得这背后必有蹊跷。后经过调查发现，被子下藏着大量金银财宝，都是这伙人盗窃得来的。

策略分析：

一个妇女即使身体肥胖，一般三四个成年男子抬病床就足够了，而现在抬病床的有五六名身强力壮的男人，这多出来的劳动力很可能就是为了这名妇女以外的东西。于成龙发现另有蹊跷的思维过程，用的就是剩余法。可见，剩余法如果用得好，或许会让人有意外的收获。

这五种探索因果关系的方法并不是相互排斥的，实际上，为了提高结论的可靠性，人们通常会将它们结合使用。当然，无论使用哪种方法，得出的结论都存在一定的或然性。为了进一步增强结论的可信度,在推理过程中,需要仔细考查有没有其他原因存在的可能性。

【思考题】

1. 居里夫人在研究沥青铀矿时,注意到一个异常现象:沥青铀矿放出的放射线强度远超过纯铀。根据这一观察,她推理出沥青铀矿中可能含有一种未知的放射性元素,这种元素的放射性比铀还要强。经过深入研究,她最终发现了镭这一新元素。

请问,居里夫人在发现镭的思维过程中,运用了哪一种求因果方法?

2. 在历史上,人们观察到不同自然现象中都出现了彩虹这一美丽景象。无论是雨后初晴的天空、太阳光线通过三棱镜、晴天时瀑布的水珠,还是船桨打起的水花中,都能见到虹的色彩。

请问,在这些不同场合中,唯一一个共通的情况是什么?如何从光线和透明体的关系中推导出虹的形成原理?

04. 锁对了/有效措施的三条标准

【学点小知识】

在日常生活中,无论是购买日用品、整理房间这样的小事,还是经营企业、管理国家这样的大事,决策都是必不可少的。正确的决策能有效解决问题,而错误的决策有时不仅会损失金钱、影响情绪,甚至可能改变个人或集体的命运。

然而,由于生活中的现象错综复杂,一个人不可能总是做出正确的决策。但如果我们能够掌握一些正确决策的关键特征,可能有助于我们做出更准确的选择。

一、措施有针对性

措施有针对性,意味着措施是针对现象或问题的根本原因,或者是为实现特定目标而制定的。在上一节中,我们学习了一些寻找问题原因的重要方法。接下来,我们将通过几个案例来探讨什么样的措施才是真正针对问题原因提出的。

【案例】摩托车抢道

在某个城市,主要道路上的摩托车道宽度为两米,但许多摩托车驾驶者经常在汽车道上抢道行驶,这严重扰乱了交通秩序并增加了交通事故的风险。为此,有人向市政府建议将摩托车道拓宽至三米,以提供更宽的行驶空间,从而减少摩托车驾驶者抢道的行为。

然而,交警部门经过分析事故监控视频后提出了不同的看法。他们发现,无论摩托车道上的车流量大小,总有一些摩托车驾驶者选择抢道行驶。即便在摩托车道上车辆稀少,摩托车可以顺畅行驶的情况下,仍有部分驾驶者会违规抢道。基于这一发现,交警部门建议,应当加强交通规则的宣传教育,并加大对违规摩托车驾驶者的处罚力度,以此来解决抢道问题。

策略分析:

针对摩托车驾驶者抢道的问题,案例中出现了两种解决措施。一种是扩宽车道,一种是加大宣传和惩处力度。交警部门通过查看事故监控发现,无论车辆多还是少,无论交通拥堵还是通畅,摩托车驾驶者都要抢道。运用求同法可推知摩托车驾驶者抢道的原因不是车道问题,而是个人问题,因此提出对加大宣传教育和惩处力度的措施。在这个案例中,交警部门提出的措施更有针对性,也更可能有效果。

现　象	原　因	解决措施	针对性
摩托车主抢道	摩托车车主的意识问题（通过求同法得出）	扩宽车道	×
		加大宣传教育和惩处力度	√

【案例】锁对了

张一、张二和张三是三兄弟,他们搬入新家后发现新房间里只有两个橱柜,而且橱柜的门无法正常关闭,需要上锁。为了解决这个问题,他们的父亲给了每个人两把锁和对应的钥匙。

由于三兄弟有一些物品是共用的,比如只有一个足球,他们约定要一起玩;而其他物品如文具和课外书等三人都可以随意使用。如果必须三人同时在场才能打开橱柜,这将给他们带来极大的不便。因此,他们对于如何使用锁产生了争议。

最终,他们的父亲提出了一个巧妙的解决方案。他在一个橱柜上安装了三个锁扣,用于挂上三兄弟的锁,这样任何一把锁都能锁住柜门,而柜门只有在三把锁全部打开后才能被打开;而在另一个橱柜上,他只安装了一个锁扣,让他们在左右两边各挂一把锁,中间再连接一把锁,这样一来,无论哪位兄弟打开自己的锁,柜门都能被打开。

策略分析：

在这个案例中,爸爸给出的解决办法就是针对三兄弟想要达到的目的提出的(见下表)。

目的	解决思路	解决措施	措施针对性
三人共同使用	三人同时开柜门	将三个锁并联起来,全部打开,柜门才能打开。(从生活中并联电路、衣服纽扣等可得到启示)	√
三人随时使用	三人都可以单独打开柜门	将三个锁串联起来,只打开一个,就可以全部打开。(从生活中串联电路、锁链等可得到启示。)	√

二、措施可实施

有的措施虽然是针对问题的原因或想要达到的目的提出的,但在提出措施时没有考虑到现实的客观情况,措施无法得到有效实施;即使得到实施,可能也达不到效果。下面也来看两个案例。

【案例】乙醚爆炸

过去外科手术室时常会发生爆炸事故。由于手术病人已经被麻醉了,在手术台上不能行动,一旦发生爆炸,就会造成很严重的后果。医院负责人运用了求同求异并用法来调查问题的原因。通过调查,他们发现在所有发生爆炸的事件中,麻醉机都被使用过;而在没有使用麻醉机的情况下,并未发生任何爆炸。基于这一发现,他们确定了麻醉机是导致爆炸的关键因素。麻醉机里的麻醉剂乙醚燃点低,而医生和护士的身上有静电,接触麻醉机时,就引爆了乙醚。为了解决这个问题,医院于是要求医护人员每次操作麻醉机之前都必须先触碰一个金属棒,把身上的静电释放之后再进行麻醉机操作。为此,医院还制定了严密的规章制度,对医护人员进行反复的操作培训。乙醚爆炸的事件确实有所减少,但时不时还是有所发生。因为遇到紧急情况需要立刻操作麻醉机时,医护人员有时会忘记先触碰金属棒。后来,医院又设计了一种金属地垫,把它摆在麻醉机前,医护人员需要使用麻醉机时必须先踏上金属地垫,这样静电就被吸走了。爆炸事故也没有再发生。

策略分析:

在这个案例中,医院针对乙醚爆炸问题先后采取了两种解决措施,它们都是基于问题原因制定的,具有针对性。然而,两种措施的效果存在差异。第一种措施虽然降低了爆炸事故的发生率,但由于乙醚爆炸事故本身极为严重,哪怕仅发生一次也是不可接受的,因此这种措施并未彻底解决问题。第二种措施则有效地根除了问题,可以视为一种有效的解决策略。

两种措施的主要区别在于它们的可实施性。第一种措施要求医护人员在操作麻醉机前先触摸金属棒以消除静电,但由于这与常规工作习惯不符,加之人们有遗忘的倾向,导致这一措施难以持续有效地执行。相比之下,第二种措施不依赖于个人的自觉性,也不受主观局限性的影响,因此更能持续且有效地解决问题。

问 题	原 因	解决措施	措施针对性	措施可实施性
手术室爆炸事故	麻醉剂乙醚接触医护人员身上的静电爆炸	医护人员操作麻醉机前主动先触摸金属棒,消除静电	√	×
		医护人员操作麻醉机前被动踏上金属地垫,从而消除静电	√	√

【案例】何不食肉糜？

西晋元康年间，国家不太平，百姓流离失所，又遇上天气干旱、疫病横行，米价疯涨，大量百姓饿死在路边。地方官员将百姓的凄惨状况上报了朝廷。有大臣在朝会上给皇帝上书，说现在到处民不聊生，老百姓连树皮、草根都要吃光了，大量的百姓因此饿死。当时的皇帝是晋惠帝司马衷，他听了大臣的奏报，非常疑惑，想着老百姓没有树皮、草根吃了，可以吃肉粥啊！怎么会至于饿死呢？于是他疑惑地问道："为什么他们不吃肉粥呢（何不食肉糜）？"

策略分析：

在这个案例中，晋惠帝司马衷所说的"何不食肉糜"的确是根据大量百姓饿死这一问题提出的，如果百姓们能有肉粥吃确实也可以延续生命，不至于饿死。但这种措施却难以实施，因为百姓肯定是不可能有肉粥可吃的，当时的财政状况也不可能支撑这一解决措施。因此这个措施很明显完全没办法实施，从而显得十分荒谬。

现　象	目　的	解决措施	措施针对性	措施可实施性
百姓大量饿死	解决民间饥荒问题	让百姓去吃肉粥	√	×

三、措施无恶果

有些措施虽然是针对问题的原因或目标而制定，且在执行时不易受主观因素影响，但决策者可能未充分考虑到这些措施可能带来的其他负面后果，导致实际效果适得其反。接下来，我们将通过两个案例来进一步探讨这一点。

【案例】办公网络系统安装

为了提高办公效率，卓越公司打算更新公司的办公网络系统。

但办公网络系统的安装需要耽搁将近一周的时间，财务部门李经理通过调查发现，如果在白天安装此网络系统，将会中断员工的日常工作；如果在夜晚安装此网络系统，则要承担高得多的安装费用。为了节约预算、节省开支，李经理向领导提出白天安装系统的建议。领导也采纳了。在安装的过程中，由于员工的工作被频繁中断，影响了公司员工的正常工作开展，安装结束后一统计，至少造成了五十万元的直接损失，而在夜间安装，仅仅需要多支付五万元。

策略分析：

在这个案例中，陈经理提出的措施旨在减少公司的开支，因此具有明确的针对性。此外，由于公司不在住宅区，该措施的实施不会受到扰民问题的影响，显示出其可实施性。然而，该措施未能预见到安装过程中对员工日常工作的干扰，以及这种干扰对公司经济利益造成的负面影响，结果导致实际损失远超过了节约的开支。

现 象	目 的	解决措施	措施 针对性	措施 可实施性	措施 无恶果
公司办公效率需要提高	用较少的成本更新办公网络系统，提高办公效率	白天安装办公网络系统	√	√	×

【案例】野草与飞蛾

某地区出现了一种繁殖力极强的野草，它不仅会与农作物争夺养分，还带有轻微毒性，若牲畜误食过量，可能会导致死亡。为了解决这一问题，当地领导采纳了专家的建议，引入了这种野草的天敌——一种飞蛾。飞蛾以野草的嫩叶为食，有效抑制了野草的生长。

然而,此举也带来了新的问题。当地居民身上开始出现大量红肿疙瘩,医生诊断后确认,这是由于接触到飞蛾身上携带的毒粉所引起的。

策略分析:

在这个案例中,引入飞蛾来抑制野草生长的措施确实具有针对性,并且实施过程中没有遇到预期的障碍,如飞蛾不适应当地环境等问题,从而有效地控制了野草。然而,当地领导在制定这一措施时未能进行全面的调研和考量,忽略了飞蛾可能对居民健康造成的负面影响,导致居民出现了皮肤病。

问　　题	原　　因	解决措施	措施针对性	措施可实施性	措施无恶果
庄稼收成下降、牲畜非正常死亡	一种野草的疯狂生长	引入这种野草的天敌——一种飞蛾	√	√	×

【思考题】

1. 市政府计划对全市的地铁进行全面改造,通过较大幅度地提高客运量,缓解沿线包括高速公路上机动车的拥堵。市政府同时又计划增收沿线两条主要高速公路的机动车过路费,用以贴补上述改造的费用。这样做的理由是,机动车主是上述改造的直接受益者,应当承担部分开支。

以下哪项相关断定如果为真,最能质疑上述计划?

A. 市政府无权支配全部高速公路机动车过路费收入。

B. 高速公路上机动车拥堵现象不如普通公路严重。

C. 机动车有不同的档次,但收取的过路费区别不大。

D. 为躲避多交过路费,机动车会绕开收费站,增加普通公路的流量。

E. 相当数量的乘客都有私人机动车。

2. 也许令许多经常不刷牙的人感到意外的是,这种不良习惯已使他们成为易患口腔癌的高危人群。为了帮助这部分人早期发现口腔癌,市卫生部门发行了一个小册子,教人们如何使用一些简单的家用照明工具,如台灯、手电等,进行每周一次的口腔自检。

以下哪项如果为真,最能质疑上述小册子的效果?

A. 有些口腔疾病的病症靠自检难以发现。

B. 预防口腔癌的方案因人而异。

C. 经常刷牙的人也可能患口腔疡。

D. 口腔自检的可靠性不如在医院做的专门检查。

E. 经常不刷牙的人不大可能做每周一次的口腔自检。

05. 如何让大家都满意/运用逻辑巧作安排

【学点小知识】

在日常生活中,我们经常面临需要进行座位分配、行程规划等任务的挑战。无论是组织一次聚会、安排一次商务旅行,还是简单地为一次会议分配座位,有效的安排都是确保活动顺利进行的关键。在着手进行这些安排之前,一个重要的步骤是深入了解所有被安排的个体或对象,包括他们的需求、偏好和任何可能的限制。同时,我们也需要对当前的条件有一个全面和清晰的认识,比如可用资源、时间限制、预算约束等。

这些信息的收集和分析为我们提供了宝贵的数据支持,帮助我们做出更加符合实际情况的决策。本章将深入探讨如何利用这些通过调查和了解所获得的信息,进行逻辑性的思考和创造性的规划,从而制定出既合理又高效的安排计划。我们将学习如何将这些信息转化为实际操作步骤,以及如何根据不同情况灵活调整安排策略,确保每一次安排都能满足参与者的需求,同时达到预期的目标和效果。

一、座位安排

在本节讨论的座位安排特指用餐时的座位分配。由于参与用餐的人员往往是随机组合的,并且在大多数情况下并不存在明显的等级差异,因此,合理运用逻辑进行座位安排显得尤为重要。一个合理的座位安排不仅能确保用餐者能够拥有愉快的用餐体验,有时还能为他们提供扩展社交网络的机会。

为了恰当地进行座位安排,我们需考虑多种因素,包括但不限于用餐者的文化背景、个人身份,以及他们的喜好。在充分了解了所有必要的信息之后,我们便可以运用逻辑推理来精心安排座位。接下来,让我们通过具体案例来进一步了解如何进行有效的座位安排。

【案例】如何让大家都满意

在一次国际学生联欢会上,来自四个国家的五位代表被安排坐一张圆桌。为了使各位代表坐下后彼此间都能交谈,组织者在安排座位前就预先了解到各位代表掌握的语言情况:

甲是中国人,还会说英语;乙是法国人,还会说日语;丙是英国人,还会说法语;丁是日本人,还会说汉语;戊是法国人,还会说德语。

如果我们是组织者,该怎样安排,才能让大家都满意呢?

策略分析:

考虑到参会者来自不同国家,他们所掌握的语言也各不相同。如果让两个语言不通的人坐在一起,可能会导致他们因无法进行有效沟通而感到乏味。因此,在进行座位安排时,我们首先需要考虑的就是参会者的语言能力,以确保他们能够与邻座的人顺利交流。

第一步,列信息。我们可以将每位与会者所掌握的语言进行整理和罗列。假设拥有某国国籍的与会者能够流利使用该国的语言,那么当前餐桌上与会者的语言掌握情况则可整理如下:

甲掌握汉语和英语;

乙掌握法语和日语;

丙掌握英语和法语;

丁掌握日语和汉语;

戊掌握法语和德语。

第二步,找特殊。我们要识别是否有需要特别关照的与会者,这往往是座位安排的关键点。根据已收集的信息,我们可以看到只有戊一个人会说德语,这意味着他无法与其他人说德语,只能使用法语进行交流。同时,乙和丙也会说法语。因此,基于语言交流的考虑,戊、乙和丙的座位可以先行确定。

第三步,画图。为了更直观地进行座位安排,我们可以根据桌子的形状(圆形、方形或椭圆形)绘制出相应的图形。每种桌子都有其独特之处,绘制出来有助于我们进行具体的安排。

依据前两步所确定的信息，我们可以首先确定会说法语的戊、丙、乙三人的座位。接着，利用丙同时会英语这一信息来安排甲的位置；同样地，根据乙会说日语，我们可以确定丁的座位。通过这样的逻辑推理，最终可以为所有人安排出合适的座位，如下图：

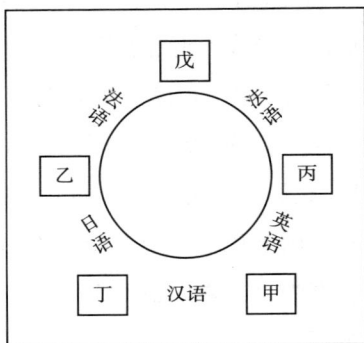

尽管在现实生活中的座位安排可能无法完美到让每个人的每一侧都找到交流的伙伴，但我们依然可以通过上述三个步骤做出较为合理的安排。例如，即便不能保证每个人两侧都有交谈对象，我们至少可以确保每个人至少在一侧能找到可以交流的人。

如果所有与会者所说的语言完全相同，那么我们就需要进一步考虑其他因素，如年龄、兴趣爱好、身份背景等，来判断两个人是否有共同话题，也就是所谓的"共同语言"。然后，我们可以根据这些信息，运用逻辑推理来做出更加细致和周到的座位安排。

二、行程安排

在本节讨论的行程安排专指领导的行程规划。由于领导的要求或出行任务的性质，对于访问地的安排往往存在一些条件限制，特别是在需要考察或访问的地点较多时,更需要运用逻辑进行有效协调。合理的行程安排能够确保出行过程更加顺畅和高效;反之,不恰当的安排可能会导致无法实现出行目标,甚至影响到后续工作的开展。下面让我们结合一个案例来作进一步探讨。

【案例】工厂视察

某国家领导人要在连续六天内视察六座工厂,分别为:方达、格里、鸿志、景隆、起运和任曦,每天只视察一座工厂,每座工厂只视察一次。视察时间的安排必须符合下列条件:

1. 视察方达在第一天或第六天。

2. 视察景隆的日子比视察起运的日子早。

3. 视察起运恰好在视察任曦的前一天。

4. 如果视察格里在第三天,则视察起运在第五天。

根据以上条件,该如何安排访问视察的顺序呢?

策略分析:

第一步,整理限制条件。遇到这种有两组对象(日期、视察地点)的情况,我们可以先列出表格,将已知条件填入其中。

根据条件1,视察方达在第一天或第六天,运用逻辑推理,那就不可能是第二天、第三天、第四天、第五天;

根据条件2和条件3,视察景隆、视察起运、视察晨曦的时间顺序可整理为:视察景隆先于视察起运,视察起运先于视察任曦,因此我们也就明确了视察景隆不可能在第五天或第六天(即最后两天),视察起运不可能在最后一天或第一天;视察任曦不可能在第一天或第二天;

条件4无法直接表示,可填在备注栏里。

如下表所示。

	第一天	第二天	第三天	第四天	第五天	第六天
方达		×	×	×	×	
格里						
鸿志						
景隆					×	×
起运	×					×
任曦	×	×				
备注:格里第四天→起运第五天;起运不是第五天→格里不是第四天						

根据上表的信息,我们可以轻松地为视察活动安排合适的日期,比如方达第一天、格里第二天、鸿志第三天、景隆第四天、起运第五天、任曦第六天就满足了所有的限制条件。同样地,格里第一天、鸿志第二天、景隆第三天、起运第四天、任曦第五天、方达第六天也符合限制要求。

在确定了每一天的视察工厂之后,下一步是考虑出发点和各个工厂之间的相对位置,以及它们之间的距离和交通状况,从而设计出一条高效且合理的行程路线。这将帮助确保视察活动能够顺利进行,同时也能最大化地利用时间和资源。

三、任务分配

工作中遇到的事情大多是纷繁复杂的,如果要将每一个因素都考虑进去,可能会让我们感觉无从下手、左右支绌;如果什么都不考虑,胡乱安排一通,又可能会导致后续工作的混乱,甚至出现重大事故。其实正如上面讲到的座位安排和行程安排，真正会影响工作顺利开展的因素可能并不多，如果我们把它们列举出来，并运用逻辑推理来找出隐含的限制条件，然后用直观的表格或图画来表示，就可以迅速地做出安排了。下面我们来看两个案例。

【案例】患者分配

有七位心脏病患者需要分配给四位医生进行治疗，这七位患者分别是毅先生、封先生、胡女士、嫒女士、龚女士、男孩小纪和女孩小柯。每位医生最多负责两名患者的治疗，而每位患者只能由一位医生负责。分配时还需满足以下条件：

1. 张医生只负责治疗男性患者。

2. 李医生只能负责一名患者的治疗工作。

3. 出于设备原因，如果某名医生负责治疗一名儿童患者，那么他必须负责与这个患儿性别相同的一名成人患者的治疗工作。

策略分析：

根据每位医生最多负责两名患者的规则以及条件 2，我们可以推断出李医生将负责一名患者，而其他三位医生张医生、王医生和刘医生则各自需要负责两名患者（因为总共有七名患者，而医生有四名）。结合条件 1，张医生能治疗的患者只可能是毅先生、封先生或男孩小纪。如果张医生选择了两名成年男性患者，那么其他医生在选择了男孩小纪之后，将没有合适的成年男性患者可以分配，这会导致条件 3 无法得到满足。因此，张医生必须选择男孩小纪以及另一名成年男性患者。

为了进一步明确分配情况，我们可以利用表格法来表示和分析这些条件，从而得出一个合理的分配方案。

	张医生	李医生	王医生	刘医生
毅先生				
封先生				
胡女士	×			
嫒女士	×			
龚女士	×			
男孩小纪	√	×		
女孩小柯	×	×		

备注：1 儿童→1 同性别成人；李医生只负责一名，其余医生负责两名。

结合以上表格，相信医生的排班很快就可以做出来了，也不容易产生冲突。

【案例】节目顺序

公司年会，各部门一共出了七个节目，在这里分别用 F、G、H、J、K、L、M 来表示，根据节目内容、部门性质及表演人员的要求，安排这七个节目时，领导交代：

1. F 必须排在第二位。

2. J 不能排在第七位。

3. G 既不能紧挨在 H 的前面，也不能紧挨在 H 的后面。

4. H 必须在 L 前面的某个位置。

5. L 必须在 M 前面的某个位置。

如果你是负责具体安排节目的人，你会怎么安排？

策略分析：

为了更加直观明了，这次我们第一步先将已知条件填入表格中，第二步再通过推理找出隐含条件，然后进一步完善表格。

	1	2	3	4	5	6	7
F		√					
G							
H						×	×
J							×
K							
L	×						×
M	×	×					

备注:G 不与 H 相邻

根据条件 1 可推知,G、H、J、K、L、M 都不可能在第二位了,再根据条件 4,L 既不能是第一位,也不能是第二位,只能是排在第三至六位;根据条件 1、4 和 5,可推出 M 的前面有 H、L 和 F,因此只能排到第四至七位。进一步推理后,可得下表。

	1	2	3	4	5	6	7
F	×	√	×	×	×	×	×
G		×					
H		×				×	×
J		×					×
K		×					
L	×	×					×
M	×	×	×				

备注:G 不与 H 相邻

依据现有的限制条件,按照表格所展示的信息来安排就不会出错了。例如,按照 G-F-H-K-L-J-M 的顺序进行分配,就能够满足所有的要求。

【思考题】

1. 某书店有 10 个书架按序号 1、2、3…、10 依次摆放,其中只放置儿童书籍的书架有一个;只放置科技书籍的书架有两个,并且连号排列;只放置历史书籍的书架有三个,并且不与放置儿童书籍的书架连号排列;只放置文学书籍的书架有四个,并且不与放置科技书籍的书架连号排列,如果第 1、3、10 号书架放置历史书籍,4 号书架放置科技书籍,那么儿童书籍一定放置在几号书架上?

A. 2 号书架

B. 5 号书架

C. 6 号书架

D. 7 号书架

E. 9 号书架

2. 甲、乙、丙、丁、戊、己 6 人围坐在一张正六边形的小桌前,每边各坐一人。已知:

(1)甲与乙正面相对;

(2)丙与丁不相邻,也不正面相对。

如果己与乙不相邻,则以下哪项一定为真?

A. 如果甲与戊相邻,则丁与己正面相对。

B. 甲与丁相邻。

C. 戊与己相邻。

D. 如果丙与戊不相邻,则丙与己相邻。

E. 己与乙正面相对。

第四章
如何推理——综合推理让你思维敏捷

01. 谁是罪犯/案件侦办类逻辑题破解技巧

【学点小知识】

在司法实践中,逻辑推理扮演着至关重要的角色。以法律适用为例,其本身就是一个三段论推理的过程:法律规定构成大前提,案件的具体事实作为小前提,然后根据三段论的逻辑规则推导出判决结果。逻辑推理同样广泛应用于案件侦查阶段,恰当运用逻辑推理可以迅速缩小嫌疑人的范围,使案件真相大白;反之,如果逻辑推理运用不当,则可能会导致冤假错案的产生,或者让罪犯逃脱法律的制裁。

许多侦探小说和法庭审判小说中都包含了逻辑推理的元素,这是因为在案件处理的全过程中,逻辑推理是必不可少的工具。接下来,我们将通过几个案例来具体探讨逻辑推理在司法实践中的应用,一起来动动脑筋,体验逻辑推理的力量。

【案例】赵信失踪案

北宋仁宗年间,有一个商人名叫赵信,他经常外出经商。有一天,他准备运货去外地贩卖,就雇了船主张潮的一条货船。装好货后,赵信与张潮约定第二天五更开船。

第二天四更时,赵信的妻子孙氏就起来做饭。赵信吃完饭后,把五百两银子连同衣物打成包裹背在背上,和妻子作别后就去乘船了。

到天大亮时,孙氏被一阵敲门声惊醒,并听到"孙氏娘子开门!"的喊声。孙氏开门一看,原来敲门人是昨天来过的船主张潮。张潮说:"你家官人与我约定清晨五更开船,怎么到现在还没有来?"孙氏大吃一惊,说:"我丈夫天不亮就走了,现在还没有到船上吗?"于是孙氏慌忙去各处寻找。可是找了三天,仍不见赵信的踪迹。于是她到官府报案。

这位县官听完赵信失踪的经过后,他认为船主张潮可能与赵信失踪有关,于是命人将张潮抓来审问,果然不出所料。原来那日凌晨,赵信带着五百两银子到船舱时被张潮看见了,张潮见财起了歹心,趁着天黑无人,用柴刀将赵信砍死,把尸体绑上一块大石头沉入河底,然后冲净血迹,藏好赵信的钱财,才装模作样来赵家催人。

请想想看,这位县官为什么能很快想到张潮与赵信失踪有关呢?

策略分析:

在审理案件时,所有相关人员的言行都是推理的关键。孙氏的言行中没有明显的破绽,但船主张潮喊门时的话却非常可疑。这个可疑之处可以用三段论表述如下:

如果船主与赵信的失踪无关,那么当赵信未能按时赴约,船主前去赵家喊门时,就应该叫"赵先生!赵先生!";

可是,船主叫门时却喊"孙氏娘子开门!"(否定了充分条件的后件);

由此可见,船主与赵信的失踪有关(推出否定的充分条件前件)。

县官在案件推理中应用了一种逻辑学上称为充分条件假言推理的方法。这种方法通过否定一个条件的后件来推断前件的否定,而案件的最终结果证实了这一逻辑推理的有效性。此外,这种假言推理规则也被广泛用于其他案件类型的逻辑分析中。

【案例】照相机纠纷案

在审理一桩照相机纠纷案时,审判长出示从被告家中搜出的一架照相机,问被告:"这架照相机是你的?"被告说:"是我的,我最近几年都在使用这架照相机。"审判长又问原告:"这架照相机是你的?"原告说:"是我的,照相机中有一个按钮比较特别,只有照相机的主人才知道它的用法。别人不知道这个用法,就打不开这个照相机。"审判长听了,于是让被告先打开照相机。被告说:"是不是如果我打开了这架照相机,那么这个照相机就是我的了?"审判长道:"不对,应该是如果你不知道这个照相机怎么打开,就说明这个照相机不是你的。"被告研究半天,也没能打开照相机。审判长又让原告打开照相机,原告轻松地就打开了。

策略分析:

在这个案件中,被告试图用混淆逻辑关系的方式来让审判长做出承诺,妄想一旦碰巧打开照相机,就可以把照相机占为己有;或者以这样的方式来让审判长因无法做出承诺而不让他打开照相机,从而侥幸逃脱这次考验。但审判长显然是一个逻辑思维能力非常强的人,他一下子就抓住了被告的逻辑谬误,并作出了纠正,逼迫被告不得不打开照相机。

在这里,被告不仅混淆了逻辑关系,还犯了一个自相矛盾的逻辑谬误。这一个逻辑谬误也让他再也无法为自己辩驳。被告自相矛盾的逻辑谬误可用三段论表示如下:

被告说他最近几年都在使用这架照相机,那么被告一定能打开这架照相机;

被告打不开照相机;

被告最近几年没法使用这架照相机,被告说了谎;

由此可见,照相机不是被告的。

【案例】谁是投毒者?

有一天深夜,顾客们陆续离开了饭店,服务员开始打扫卫生。当服务员走到最后一个包厢时,发现沙发上躺着一具尸体,于是赶紧报警。警方在调查中发现,死者名叫詹宁,死亡时间还不到半小时。经过初步推断,被害人的死亡原因是有人在他的酒杯里偷偷放入了毒药。那么凶手是谁呢?根据送酒的服务员回忆,当时包厢里只有四个人,他们的名字分别是郝晨、司明、詹宁、魏鑫。他们分别坐在包厢的一张长沙发椅和两张单人沙发椅上(如下图)。

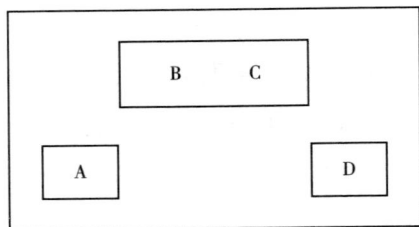

警方经过进一步侦查,发现以下几条线索:

1. 这四个人的身份分别是校长、医生、律师、私企领导。

2. 已有充分证据证明服务员不是凶手。

3. 郝晨和司明都没有姐妹。

4. 校长是个禁酒者,他当时坐在郝晨的左边。

5. 律师曾转身与身边的魏鑫说话。

6. 郝晨坐在一张单人沙发椅上,他和私企领导是郎舅关系。

7. 出事之前,这四个人都没有离开过自己的座位,也没有其他人进出这个包厢(除了服务员进出送过酒水外)。

请根据上述线索,确定这四个人的身份及出事前每个人所坐的位置,以便找出凶手。

策略分析:

根据线索 6 和 4,我们知道郝晨坐在单人沙发上,且左边是校长,也就是左边坐了人,因此郝晨坐在 A 位上,校长坐在 B 位。

根据线索 5 中"律师曾转身与身边的魏鑫说话",可知律师坐在长沙发的另一个位置 C 位上,而 B 位的校长就是魏鑫,根据线索 4 还知道校长是个禁酒者。

根据线索 6 可知郝晨和私企领导是郎舅关系,说明郝晨不是私企领导,又因为校长已确定是魏鑫,律师确定坐在长沙发上,而郝晨坐在 A 位上,因此郝晨只能医生。

此时的已知信息为:A 位置是郝晨,他是医生;B 位置是魏鑫,他是校长;C 位置是律师。由此可推出 D 位置是私企领导,他和郝晨是郎舅关系,且郝晨没有妹妹,他肯定有个妹妹。根据线索 3,司明没有姐妹,因此私企老板也不是司明;魏鑫是校长,因此私企领导也不是魏鑫,只能是詹宁。最后剩下律师就是司明了。

如下图所示:

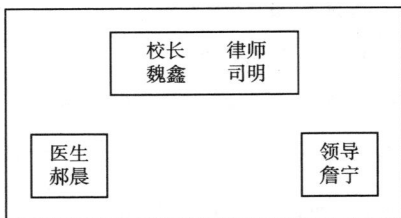

由于案发前没有人离开过座位,也没有人进出过包厢,只有服务员来送酒给詹宁和司明。而服务员已排除了作案嫌疑,那司明就最有可能是毒死詹宁的人,因为他最靠近詹宁的座位,能在无人察觉的情况下将毒药投入詹宁的酒中。

像这种类型的案件推理题,由于涉及的对象较多,线索比较复杂,因此用作图的方法来演示线索,更便于直观地进行推理。

【案例】张三是不是真正的凶手?

在一桩杀人案中,被告人张三被指控为杀人凶手,理由如下:

1. 事发当晚,有人看见张三很晚回家。(有作案时间)

2. 受害者是被枪杀的,在现场发现一枚六五步枪的子弹壳,撞针偏眼,而张三是当时的基干民兵,所带的也是六五步枪,并且撞针也偏眼;

3. 张三携带的枪上沾有血迹。

根据上述理由,能否合乎逻辑地推出张三就是杀人犯?

策略分析:

第一步,我们罗列一下判案中的几个大前提:

(1)如果谁杀人,谁就有杀人的时间;

（2）本案的杀人犯用的是撞针偏眼的六五步枪,因此如果谁杀人,谁就用过撞针偏眼的六五步枪。

（3）有些杀人犯的枪上沾有血迹。

第二步,结合案件事实,列出三段论推理公式:

根据第一条指控理由,如果谁杀人,谁就有杀人的时间;

<u>张三有杀人的时间;</u>

所以,张三是杀人犯。

在这个三段论中,指控者通过肯定充分条件命题的后件,来推出肯定的前件,因此结论不可靠。虽然张三很晚才回家,但有可能是途中发生了什么突发事件耽搁了,所以虽然杀人犯必然有作案时间,但有作案时间的张三不一定是杀人犯。

根据第二条指控理由,如果谁杀人,谁就用过撞针偏眼的六五步枪;

<u>张三有一把撞针偏眼的六五步枪;</u>

所以,张三是杀人犯。

在这个三段论中,指控者也是通过肯定充分条件命题的后件来推出肯定的前件,因此结论也是不可靠的。考虑到当时基层民兵普遍使用的是六五步枪,并且这些步枪中有不少存在撞针偏眼的问题,所以我们不能仅因为张三拥有一把撞针偏眼的六五步枪,就断定他是杀人犯。

根据第三条指控理由,有些杀人犯的枪上沾有血迹;

<u>张三的枪上沾有血迹;</u>

所以,张三是杀人犯。

这个三段论的推理存在问题,因为它违反了逻辑学中的一条规则:中词在前提中至少有一次是不周延的。这意味着,如果中词没有在所有可能的情况中被完全涵盖,那么由此推出的结论可能不可靠。在这个案例中,张三枪上的血迹可能并非来自人类,而有可能是动物的血迹,因此不能单凭枪上有血迹就断定张三有罪。

因此,根据以上三条理由,不能合理地推出张三就是杀人犯。当然,也推不出张三就不是杀人犯。张三是不是杀人凶手,还需要做进一步调查。

【思考题】

1. 在码头上,刚下船的旅客们正匆忙地离开。小林自己的旅行袋丢失了,突然发现有人提着一个类似的旅行袋。他迅速上前质问那个提着旅行袋的人:"你为什么拿了我的旅行袋?"那人一愣,立刻道歉说:"这是你的？对不起,我拿错了。"然后立刻将旅行袋还给了小马,并且头也不回地快速离开。

这一切被旁边的一位民警看在眼里。民警迅速追上去,问那个归还旅行袋的人:"你自己的旅行袋在哪里？怎么不去找?"那人措手不及,一时语塞,无法回答。民警随即将他带到派出所。经过仔细询问,发现这个人其实是一个小偷。

请问,这位民警是根据怎样的推论,而对此人引起警觉的?

2. 某年,某酋长国的一位酋长在乘坐敞篷车时遇刺。警方经过侦查,确认丹丹尼是凶手,于是传唤了丹丹尼。但当丹丹尼第一次出庭时,却突发急病去世。这样,遇刺案成了一桩无头案件。

警方确认丹丹尼是凶手,提出的主要证据是:

这位酋长是在敞篷车驶近银行大厦时遇刺的。有人证明,那天丹丹尼在没有任何理由的情况下曾设法去过大厦的七楼。

在银行大厦的七楼发现了一支六五毫米口径的步枪。而丹丹尼在三个月前,曾经化名"希南"购买了一支六五毫米口径的步枪。

请问,警方的证据充分吗?

02. 谁是骗子/真话假话类逻辑题破解技巧

【**学点小知识**】

真话假话题是逻辑推理题中常见的一种类型。虽然这类题目的设定在现实生活中不常见,但它们是锻炼逻辑思维能力的有效方式,也是一种有意义的益智游戏。解决这类题目时,常用的方法是寻找矛盾点进行排除,以及寻找突破口进行假设。接下来,我们将通过几个案例来探讨如何破解这类题目。这类题目主要涉及的逻辑知识点包括矛盾律、排中律、选言推理和假言推理规则,是对逻辑知识综合运用的一种考验。

矛盾律指出,在两个相互矛盾的命题中,必然有一个是真的,另一个是假的。因此,根据矛盾律,我们可以确定两个相互矛盾的陈述中必有一真一假。

排中律表明,在同一思维过程中,两个互相矛盾的判断不能同时为假,必有一个为真;同样也不能同时为真,必有一个为假。所以,如果遇到自相矛盾的陈述,我们应当排除这种情况。

关于选言和假言推理的具体规则,已在"演绎推理让逻辑无懈可击"一节中进行了详细介绍,这里不再重复。

现在,让我们通过几个经典的例子来探讨如何应用这些逻辑规则来解决题目。

【案例】谁做了好事？

星期一，小赵、小钱、小孙、小李四位同学负责扫地，最后离开教室。当时教室里有一张坏了的课桌，星期二同学们到教室一看，课桌修好了。班主任周老师问四位同学是谁修好的，他们"调皮"地说了下面几句话：

小赵说："不是我做的。"

小钱说："是小孙做的。"

小孙说："是小李做的。"

小李："小孙是瞎说。"

周老师进一步追问时，他们承认在四人讲的话中，只有一个人说假话，其余三名同学说的是真话。那么，做好事不留名的同学是谁？说假话的人又是谁？

策略分析：

由于只有一名同学说的是假话，那我们就可以从说假话的同学入手。

第一步，把四个人的话简要整理一下，以便更容易进行推理。整理如下：

小赵说：不是小赵。

小钱说：是小孙。

小孙说：是小李。

小李说：不是小李。

第二步，找矛盾。如果两个人的说法相互矛盾，那么他们之间必定有一个人说的是真话，另一个人说的是假话。换句话说，两个人中必有一人在撒谎。通过仔细分析，我们发现小孙和小李的说法形成了相互矛盾的命题。因此,撒谎的人必定是小孙或小李中的一个。

第三步,从真话中寻找真相。由于说假话的人已经锁定在小孙和小李之间,因此另外两名同学说的一定是真话。既然小钱说的是真话,那修好课桌的人一定是小孙,而小孙说的就是假话。

【案例】两类居民

某地有甲、乙两个小镇,甲镇的人总是讲真话,乙镇的人总是讲假话。一天,一个旅行者来到这里,碰到一个当地人 A。旅行者就问他:"你是哪一个小镇的人?" A 回答说:"我是甲镇的人。"这时又过来一个当地人 B,旅行者就请 A 去问 B 属于哪一个小镇。A 问过 B 后,回来对旅行者说:"他说他是甲镇的人。"

请问 A 是哪个小镇的居民?

策略分析:

这种题由于可参考的只有两个人的回答,不适合找矛盾,而比较适合做假设。

第一步,做假设。假如 A 是甲镇的人,当旅行者问到他属于哪个小镇时,由于甲镇人总说真话,因此他会回答自己是甲镇人;如果 A 是乙镇的人,他会说假话,因此他也会说自己是甲镇的人。因此从 A 的第一个回答中,我们不能判断他是哪个镇的人,也不能判断他说的是真话还是假话。

第二步,寻找线索,继续推理。题目中还给了一个线索,就是 A 对旅行者说 B 说他是甲镇的人。根据第一步的推理,我们知道只要是当地人,无论是甲镇人还是乙镇人,都会说自己是甲镇的人。所以 B 肯定会对 A 说自己是甲镇的人。由此可见,A 对旅行者说的是真话,A 是甲镇人。

当然,仅仅根据以上线索,我们没办法推出 B 是哪个小镇的人。如果我们想知道他是哪个小镇的人,也可以让 B 问问 A 是哪个小镇的人,或者指着一棵树问 B 这是什么。

【案例】老实人、骗子和正常人

有三种人,老实人总是讲真话,骗子总是讲假话,正常人有时讲的是真话,有时讲的是假话。在甲、乙、丙三个人中,有一个人是老实人,有一个人是骗子,有一个人是正常人。

甲说:"我是正常人。"

乙说:"甲说的是真话。"

丙说:"我不是正常人。"

根据以上线索,你可以推出甲、乙、丙各自的身份吗?

策略分析:

第一步,找突破口。由于老实人总是讲真话,所以比较适合作为突破口。甲、乙、丙三人中,乙、丙都可能是老实人,但甲不可能是老实人,因为老实人会说自己是老实人。甲只能是正常人或骗子。

第二步,做假设。假设甲是正常人,那乙就是老实人,丙就是骗子。但是丙说"我不是正常人。"如果丙是骗子,这就是一句真话,和"骗子总是讲假话"这一点相矛盾了。因此甲不可能是正常人。

第三步,继续假设,确定身份。根据之前的推理,我们可以初步推断甲是骗子。如果甲确实是骗子,那么他说"我是正常人"这句话就是假话,这与题目中"骗子总是讲假话"的设定相符合。既然乙说的是假话,那么乙就不可能是老实人,因此乙只能是正常人。而丙所说的是真话,这与他作为老实人的身份相符合。综合以上分析,我们可以确定甲、乙、丙三人的身份分别是骗子、正常人和老实人。

【案例】四种类型

很久很久以前,有一座山上住着两种居民:人和妖。有一年,这里发生了一种疫病,使得这里一半的人和妖都因感染疫病而变得精神错乱了。于是这里的居民就变成了四类:神志清醒的人、精神错乱的人、神志清醒的妖、精神错乱的妖。从外表上无法把他们区分开。他们的不同在于:凡是神志清醒的人总是讲真话,但变成精神错乱的人后就只讲假话。妖和人的情况正好相反。凡是神志清醒的妖总是说假话,一旦精神错乱了,反而说起真话来。这四类人或妖的讲话都很干脆,他们对任何问题都只用"是"或"不是"来回答。

有一天,有位专家上山考察,他遇见了居民甲。这位专家很想知道甲是属于四类居民中的哪一类,于是向甲提出了一个问题。这位专家逻辑思维能力很强,他根据甲的回答,立即推定甲是人还是妖。后来,他又提出了一个问题,又推定出甲是神志清醒的,还是精神错乱的。

你知道专家问的两个问题分别是什么吗?

策略分析:

第一步,找突破口做假设。我们之前说有一种方法是直接问他是什么人(参考前面的两类居民案例),但是这里有四类,就不好区分,因此我们可以先把这四类归为两类,比如根据精神状态可分为神志清醒的、精神错乱的;根据生物类型可分为人和妖。然后再做假设。先假设问居民甲"你神志清醒吗?"居民甲如果是神志清醒的人,会回答"是";如果是精神错乱的人也会回答

"是";居民甲如果是神志清醒的妖,会回答"不是";如果是精神错乱的妖也会回答"不是",这样就能很好地区分出居民甲是人还是妖了。

用二难推理简单构成式来表示就是:

1. 假设居民甲是人。

如果居民甲是神志清醒的人(说真话),那么他对"你神志清醒吗?"的回答,必然为"是";

如果居民甲是精神错乱的人(说假话),那么他对"你神志清醒吗?"的回答,必然为"是";

居民甲或者是神志清醒的人,或者是精神错乱的人。

总之,居民甲对"你神志清醒吗?"的回答,必然为"是"。

2. 假设居民甲是妖。

如果居民甲是神志清醒的妖(说假话),那么他对"你神志清醒吗?"的回答,必然为"不是";

如果居民甲是神志错乱的妖(说真话),那么他对"你神志清醒吗?"的回答,必然为"不是";

居民甲或者是神志清醒的妖,或者是精神错乱的妖。

总之,居民甲对"你神志清醒吗?"的回答,必然为"不是"。

第二步,进一步根据已确定的信息提问。既然我们已经确定了居民甲的种类,并且清楚地知道不同种类在不同精神状态下所说的话是真还是假,我们就可以提出一个能确定真假的问题,通过居民甲的回答来判断他的精神状态。比如,既然我们已经知道居民甲是人还是妖了,我们就可以直接针对他的种类进行提问。由于居民甲的回答仅限于"是"或"不是",我们不能提出开放性的问题,比如

"你是什么人?"相反,我们应该问一个直接的问题,如"你是人吗?"或者"你是妖吗?"这样,无论居民甲是哪种类型,他的回答都将揭示他的精神状态。

【思考题】

1. 相传古时候某国的国民都分别居住在两座城市中,一座"真城",一座"假城"。真城的人个个说真话,假城的人个个说假话。一位知晓这一情况的国外游客来到其中一座城市,他只向遇到的该国国民提了一个是非问题,就明白了自己所到的是"真城"还是"假城"。下列哪个问句是最恰当的?

A. 你是真城的人吗?

B. 你是假城的人吗?

C. 你是说真话的人吗?

D. 你是说假话的人吗?

E. 你是这座城的人吗?

2. 智能实验室开发了三个能回答简单问题的机器人,起名为好人、坏人、常人,好人从不说假话,坏人从不说真话,常人既说真话也说假话。他们被贴上甲、乙、丙三个标记,但忘了标记和名字的对应。试验者希望通过他们对问题的回答来辨别他们。三个机器人对于问题"甲是谁"分别作了以下回答:甲的回答是"我是常人",乙的回答是"甲是坏人",丙的回答是"甲是好人"。

根据这些回答,以下哪项为真?

A. 甲是好人,乙是坏人,丙是常人。

B. 甲是好人,乙是常人,丙是坏人。

C. 甲是坏人,乙是好人,丙是常人。

D. 甲是常人，乙是好人，丙是坏人。

E. 甲是常人，乙是坏人，丙是好人。

03. 谁猜对了/推理谜题类逻辑题破解技巧

【学点小知识】

　　逻辑推理题中有一类题型也非常有趣，就是设置一个情境，让情境中的人物根据给定信息通过分析推理猜出答案，然后问你谁猜对了，或者他是怎么猜出来的。这一类题型看起来很难，但只要找到突破口，进行必要的假设，排除干扰信息，基本上很快就能够做出来。所运用到的基本逻辑规律与具体推理规则与"谁是骗子？"一类的题目差不多，但推理过程更为复杂，下面我们结合几个经典题型，来看看这类题目应该如何进行推理。

　　【案例】谁猜对了？

　　赵、钱、孙、李、周、吴、郑、王，八位将军陪皇帝去打猎，经过一番追逐，有一支箭射中了一只鹰。皇帝让他们先不看箭上刻的姓氏，猜猜究竟是谁射中的。八员大将众说纷纭。

　　赵将军说："是孙将军射中的。"

　　钱将军说："不，应该是李将军射中的。"

　　孙将军说："是我射中的。"

　　李将军说："我可没有射中。"

　　周将军说："不是孙将军射中的。"

　　吴将军说："是李将军射中的。"

　　郑将军说："反正孙将军和我都没有射中。"

王将军说:"不,不,孙将军和郑将军中有一个人是射中了的。"

随即皇帝命王将军把鹰身上的箭拔出来验看,证实八员大将中有三人猜对了,其中也包括王将军本人。

请你猜一猜,究竟是哪三个人猜对了?鹰是谁射中的?

策略分析:

第一步,整理信息。八位将军给出的猜测,可简要整理如下。

1. 赵:是孙;

2. 钱:是李;

3. 孙:是孙;

4. 李:不是李;

5. 周:不是孙;

6. 吴:是李;

7. 郑:不是孙且不是郑;

8. 王:要么是孙,要么是郑。

第二步,找突破口。题目中说有三位将军猜对了,包括王将军。我们就把王将军当作突破口。王将军猜的是要么是孙将军,要么是郑将军。既然王将军猜的是对的,那么射死鹰的人就可以锁定在孙将军和郑将军身上了。

第三步,做假设,排除有矛盾的猜测。由于射中鹰的人已锁定在孙将军和郑将军身上,因此我们可以用作假设来推出答案。

假设是孙将军射中的,那么猜测1、3、4、8都猜对了,与题目中所说的"三人猜对了"相矛盾,排除。

假设是郑将军射中的,那么猜测4、5、8猜中了,其中包括了王将军的猜测,符合题目设定。

由此可知,鹰是郑将军射中的。李将军、周将军、王将军猜对了。

【案例】猜手帕

有四个好朋友在公园里划船,年龄最大的小霞提议做个游戏。她说:"你们三个人都面朝船头坐好。小云坐最前面,小丽坐最后面,小娜坐当中。我书包里有五块手帕,其中三块是白色的,两块是红色的。我给你们每人头上放一块手帕,留下的两块被我藏起来了。请你们猜一猜自己头上放的手帕是白的,还是红的?"

说完之后,小霞就在三个人的头上各放了一块手帕。小丽坐在最后面,她能看得见小云和小娜头上放的是什么颜色的手帕;小娜能看到小云手帕的颜色;唯有小云,除了船头前的水面,什么也看不见。小丽与小娜猜了一会儿,都说猜不到。就在这时候,小云猜到了。

那么,小云头上放的是什么颜色的手帕呢?她是怎样猜到的?

策略分析:

已知条件:手帕有三块是白色的,两块是红色的。

小丽能够看到前面两个人头上的手帕颜色。如果她观察到前面两个人的手帕都是红色的,她可以推断自己头上的手帕必定是白色的。这是因为红手帕总共只有两块,既然前面两个人的头上都放着红手帕,那么剩下的手帕就都是白色的了。

如果前面有一张红手帕和一张白手帕,那剩下一张红手帕和两张白手帕,她就不知道自己头上放的是什么颜色。

如果看到两张白手帕,那就剩下一张白手帕与两张红手帕,小丽也不知道自己头上放的手帕是什么颜色。

假设情况 （手帕两红三白）	小丽看到的情况		剩下的手帕颜色
	小云	小娜	
情况一	红	白	红、白、白
情况二	白	红	红、白、白
情况三	白	白	红、红、白
情况四	红	红	白、白、白

既然小丽猜不到自己头上手帕的颜色，那她看到的一定不是第四种情况，因此我们可以先排除情况四。

小娜听到小丽说猜不到，那自然也能推测到小丽看到的是一红一白或两张白手帕。

假设情况 （手帕两红三白）	小丽看到的情况		剩下的手帕颜色
	小云	小娜	
情况一	红	白	红、白、白
情况二	白	红	红、白、白
情况三	白	白	红、红、白

根据上表，如果小娜看到小云头上放的是红手帕，就能猜到自己头上的一定是白手帕，因为小云是红手帕，对应的只有情况一；既然小娜说猜不到，证明她看到的不是红手帕，而是白手帕，这时就对应了情况二和情况三，她就猜不出自己头上的手帕究竟是红色还是白色。

小云听到她们两人都说猜不到，自然又排除了第一种情况，而根据第二种和第三种情况，她的头上都会是白手帕，因此她可以猜到自己头上放的是白手帕。

【案例】猜黑点

小赵、小钱、小孙、小李四个人在一间宿舍。中午吃过饭后，小赵、小钱、小孙相继打起盹来,小李睡不着,感到很无聊,就用笔在他们三个人的额头上都画了一个黑点。三人醒来看了大家一眼后,都忍不住笑起来,但谁也不知道自己额头上究竟有没有黑点。这时,小李提出让他们猜自己额头上有没有黑点。小李说:"你们只要看见一个人额头上有黑点,就把手举起来。"于是,三个人都把手举起来了,因为他们都看到了另外两个人额头上有黑点。这时小李又说:"现在谁猜到了自己额头是否有黑点,就把手放下。"等了一会儿,三人都不把手放下。忽然,小赵把手放下了,说:"我猜到了,我的额头上有黑点。"

请问,小赵是怎样猜到的呢?

策略分析:

第一步,分析得到第一个提示时小赵的推理过程。

小李提示说,只要看到一个人的额头有黑点,就举手。

小赵、小钱、小孙都举手了。

由于三个人额头都有黑点,小赵看到的情况是小钱和小孙额头都有黑点。

小钱和小孙也能看到彼此额头上的黑点。但由于只要看到一个人头上有黑点就可以举手,因此他们看到的情况各有两种可能:

1. 小钱看到,小孙额头有黑点或小孙和小赵的额头都有黑点。

2. 小孙看到,小钱额头有黑点或小钱和小赵的额头都有黑点。

所以在这一步中,小赵根据小钱和小孙的举手情况无法判断自己的额头有没有黑点。

第二步,分析得到第二个提示时小赵的推理过程。

小李提示,谁猜到自己的额头上有黑点,就把手放下。

这个时候就会出现两种情况：

第一种情况，小赵额头有黑点。

根据之前的分析，小钱和小孙也是没办法判断其他人是因为一个黑点还是两个黑点举手的，因此不知道自己是否有黑点，从而不敢把手放下。

第二种情况，小赵额头没有黑点。

这时小钱看到的就是小孙额头有黑点，小赵额头没有黑点；而小孙举手了，说明小孙至少看到了一个黑点，这个黑点不是小赵的，那一定是小钱自己的。

因此小钱听到小李说："谁猜到自己额头是否有黑点，就把手放下。"就会把手放下。

小孙也面临的也是同样的情况，因此小孙也会把手放下。

但现在的情况是小钱和小孙都不把手放下，因此他们看到的就应该是两个黑点，其中一个必然是小赵的。

小赵看到这种情况，就能判断出自己的额头上有黑点了。

【案例】猜车牌

同一小区的三位好朋友小明、小华、小强，各开了新买的汽车逛商场，车的牌子是"大众"牌、"奥迪"牌、"吉利"牌。停好车后遇到了小刚，他们就同小刚闲谈起来。当说到他们各自都新买了一辆汽车时，小刚就问："你们各自买的是什么牌子的车子？"小华说："请你猜猜看。"小刚边猜边说："小明买的是'大众'牌，小强肯定不是买的'吉利'牌，小华嘛，自然不会是买的'大众'牌。"他这种猜法，只猜对了一个。

你能猜出他们各自买的是什么牌子的车子吗？

策略分析：

第一步，列出已知条件。

1. 三辆车品牌各不相同，分别是"大众"牌、"奥迪"牌和"吉利"牌。

2. 小刚的猜测：

小明的车是大众；

小强的车不是吉利→小强的车是奥迪或大众都算猜对；

小华的车不是大众→小华的车是吉利或奥迪都算猜对。

3. 小刚只猜对了一个。

第二步，做假设，排除矛盾。

因为涉及的情况只有三种，因此做假设还是比较方便快捷的。

假设小明的车猜对了，那么小强和小华的车就猜错了。可推出小明是"大众"，小强是"吉利"，小华是"大众"，小明和小华的情况产生了矛盾，排除；

假设小强的车猜对了，那么小明和小华的车就猜错了，可推出小明不是"大众"（是"奥迪"或"吉利"），小强不是"吉利"（也不是"大众"），小华是"大众"，可进一步推出小明是"吉利"，小强是"奥迪"，小华是"大众"。没有出现矛盾的情况。

假设小华的车猜对了，那么小明的车不是"大众"，而是"吉利"或"奥迪"，小强的车是"吉利"，小华的车是"吉利"或"奥迪"。进一步可推出小明是"奥迪"，小强是"吉利"，小华是"吉利"，出现了矛盾，排除。

经过逻辑推理，我们可以得出结论：只有第二种假设情况没有产生矛盾。因此，我们可以确认小明拥有的是"吉利"品牌的车，小强拥有的是"奥迪"品牌的车,而小华拥有的是"大众"品牌的车。

【思考题】

1. 乒乓球单打决赛在甲、乙、丙、丁四位选手中进行,赛前,有些人预测比赛的结果,小明说:"甲第四。"小红说:"乙不是第二,也不是第四。"小亮说:"丙的名次在乙的前面。"小王说:"丁将得第一。"比赛结果表明,四个人中只有一个人预测错了。那么,甲、乙、丙、丁四位选手的名次分别为多少?

   A. 二、三、四、一

   B. 一、二、四、三

   C. 一、三、四、二

   D. 四、三、一、二

   E. 三、一、二、四

2. 丁红取出一个袋子,对朱青、田路、王洲说:"这个袋子里装着许多玻璃弹子。这些弹子有蓝、白、红三种颜色。请你们从中摸一颗弹子。摸出以后,不许看,而由你们自己猜。可以猜自己摸的是什么颜色的弹子,也可以猜别人摸的是什么颜色的弹子。猜完之后,仍然不许看,再把弹子都给我。我还要出一个题目来考一考你们。"

   朱青、田路、王洲依次从袋子里摸出弹子。朱青猜道:"我摸的是蓝色的弹子。"

   田路猜道:"王洲摸的一定是颗红弹子。"

   王洲猜道:"我摸的不是一颗白弹子。"

   猜完之后,三人都把弹子给丁红。丁红看了,宣布:"你们只有一个人猜对,其余两个人都猜错了。"接着,她又说:"谁对谁错,等下再讲。现在,我给你们出一个题目:如果你们三人中只有一个人是猜对的,而且这三颗弹子中有两颗是红色的,那么,你们三人刚才是谁猜对了?你们三个人各摸出的是什么颜色的弹子?"

朱青等三个人想了许久,终于都想出来了。

请问:朱青等三个人是谁猜对了?他们各自摸到的是什么颜色的弹子?

第一章　如何避雷——生活中常见的逻辑谬误

01. 非黑即白

1. 消费者在购物时的选择并不限于非黑即白的两极分化。实际上,消费者的选择受到多种因素的影响,包括个人偏好、价格、产品质量、品牌信誉、购物环境、售后服务等。消费者可能会根据自己的需求和预算,在不同的产品和服务之间做出权衡。例如,消费者可能会选择价格适中但质量良好的产品,或者选择价格较高但具有特定功能的产品。此外,消费者还可能考虑到环保、社会责任等因素,选择符合可持续发展原则的产品。因此,消费者的选择是一个复杂的决策过程,而非简单的二元选择。

2. 学生对待学习的态度并不是非黑即白的两极分化。虽然有些学生会非常刻苦学习,而有些学生可能不够努力,但大多数学生的态度可能介于这两者之间,他们可能会有不同程度的努力和专注。此外,学生的学习态度也可能随时间和环境变化而变化。

02. 类比不当

1. 这个类比有问题,它忽略了运动员与普通人在身体需求和生活方式上的本质差异。比如(1)需求差异:运动员由于高强度训练需要更多蛋白质,而普通人的日常需求远低于此。(2)营养均衡:健康饮食需要各类营养素均衡,对于普通人来说,过量的蛋白质摄入可能对肾脏等器官造成负担。

2. 这个类比虽然形象,但并不完全准确。它忽略了可能影响团队绩效的其他因素,如(1)团队协作:与车辆依赖单个轮胎不同,团队成员可以通过协作弥补个别成员的不足。(2)角色分配:团队中每个成员可能扮演不同角色,一个成员的不佳表现不一定对整体绩效产生决定性影响。(3)领导作用:领导的有效管理可以调整策略,优化资源分配,减少个别成员不佳表现的影响。因此,虽然个体表现对团队有影响,但团队的复杂性和动态性意味着绩效并非完全依赖于单个成员的表现。

03. 强置充分条件

1. 这句话体现了"强置充分条件"的逻辑谬误,即错误地假设通过考试是判断知识掌握程度的唯一标准。实际上,考试可能只检验了课程内容的一部分,或者侧重于记忆而非理解。此外,考试结果可能受到应试技巧、临时表现等因素的影响,并不一定等同于对知识的全面掌握。因此,通过考试是学习的一个证明,但并不充分保证一个人已经深入理解并掌握了所有课程内容。

2. 将"总是第一个到办公室"作为"最勤奋员工"的充分条件是

一种逻辑谬误,因为它错误地假设了到达办公室的时间是衡量员工勤奋度的唯一或决定性标准。实际上,勤奋是一个多维度的概念,它不仅包括工作时间的长短,还包括工作效率、完成任务的质量、创新思维、团队合作等多个方面。一个人可能因为多种原因早到办公室,如个人习惯、交通情况或家庭责任,这些原因与工作勤奋度并无直接关联。因此,仅凭一个人到达办公室的时间就判断其勤奋程度,忽略了勤奋定义的其他潜在因素,是一种强置充分条件的逻辑谬误。

04. 强置必要条件

1. 这句话逻辑上并不严密,因为它强置了必要条件。该有机蔬菜公司错误地认为一个特定的因素(吃有机蔬菜)是实现另一结果(长寿)的必要条件。实际上,寿命可能受到遗传、饮食、运动、压力管理、社会关系、居住环境、医疗条件等多种因素的综合影响。例如,即使某人不吃有机蔬菜,但如果他们有健康的饮食习惯、适量的运动和良好的医疗保健,他们仍然可能长寿。有机蔬菜虽然可能对健康有益,比如它们可能含有较高水平的某些营养素和较低水平的农药残留,但它们并不是唯一的健康食品选择。其他非有机食品,如本地种植的蔬菜、全谷物、豆类、坚果和鱼类,同样可以为身体提供必需的营养,促进健康和潜在的长寿。

2. 这句话逻辑上并不严密,因为它试图将"大学学位"作为"事业成功"的一个必需前提。成功的定义因人而异,有的人可能认为财富、权力或社会地位是成功的标志,而有的人则更看重个人满足感、创造力或对社会的贡献。因此,即使没有大学学位,一个人也可以通过其他方式实现自己的成功定义。历史上有很多成功人士并没有获得大学学位,比如比尔·盖茨、史蒂夫·乔布斯和马克·扎克伯格等。他们通过自己的努力、创新思维和商业才能取得了巨大的成功。这表明,大学学位并不是事业成功的唯一途径。

05. 数字陷阱

1. 在这个 10 名学生的班级中,尽管 9 人获得了 C 级成绩,但因为 1 人获得了 A 级,导致班级的平均成绩上升到了 B 级。这个 B 级的平均成绩实际上并不反映大多数学生(即那 9 名获得 C 级的学生)的真实表现。在这种情况下,众数 C 级,即班级中出现次数最多的成绩,更准确地代表了大多数学生的成绩水平。

2. 一个城市的犯罪总数比邻近的小城市高,这并不自动意味着这个大城市的犯罪率更高或更危险。犯罪总数是一个绝对数值,它没有考虑到城市的人口规模。犯罪率通常是相对于人口的比率,例如每 10 万或 100 万居民中的犯罪数量。因此,一个人口更多的大城市即使犯罪总数较高,也可能因为较大的人口基数而实际上拥有较低的犯罪率。

06. 以偏概全

1. 是的,这个结论存在以偏概全的问题。仅因为观察到几个老年人在操作智能手机时遇到难题,就推广到所有老年人都不懂现代技术,忽略了老年人群体中也存在许多熟练使用现代技术,甚至对新技术有深入了解的个体。我们应该尽量避免根据有限的观察结果对整个群体做出笼统的判断,而是应该考虑到群体内部的多样性和个体间的差异。

2. 一位健康专家仅因为观察到几位素食者健康状况良好，便建议所有人都应该成为素食者，这个建议存在逻辑谬误，特别是以偏概全的问题。这种结论忽略了个体之间的差异性、营养需求的多样性以及可能影响健康的其他因素，如遗传、运动习惯等。此外，素食者良好的健康状况可能是由多种因素共同作用的结果，而非仅仅因为素食本身。因此，推广至所有人成为素食者之前，需要更广泛地研究和对个体情况的细致考量。

07. 自相矛盾

1. 一家公司宣称其产品是"全天然"的，如果成分表中明确列出了多种化学添加剂，那么这种声明确实是自相矛盾的。因为"全天然"通常意味着产品不含有任何合成或人工制造的化学物质，而化学添加剂则通常指的是在生产过程中人为添加的物质。因此，如果成分表中有化学添加剂，那么产品就不能被称为"全天然"。

2. 是的，这个环保组织的行为存在逻辑谬误，特别是自相矛盾的问题。组织的目标是减少纸张使用以保护森林，但它们自己的实践——大量使用高质量的打印纸来制作宣传材料——却与它们所倡导的环保理念相违背。这种行为上的不一致性削弱了它们信息的可信度，并可能导致公众对组织承诺的真诚性产生怀疑。因此，为了保持一致性并增强其环保信息的说服力，该组织应该采取与其环保目标相符的实践，例如使用数字化宣传材料或采用可回收纸张。

08. 偷换概念与混淆概念

1. 这句话存在偷换概念的逻辑谬误，因为它错误地将"没有病毒"这一单一的技术指标等同于手机整体的"安全性"。安全性是一个包含多个方面的综合概念,不仅包括防病毒,还涉及隐私保护、数据加密、抗黑客攻击等多种安全特性。将"无病毒"与"安全"等同起来,实际上是忽略了手机安全性的其他重要方面,从而误导了对手机安全性的全面评估。因此,这种简化的观点未能准确反映手机安全的复杂性,构成了偷换概念的逻辑谬误。

2. 这个孩子混淆了"想要"和"需要"两个概念。在这句话中,孩子将个人的渴望或欲望视为一种必需品,而实际上"需要"通常指的是为了维持基本生活标准或健康而不可或缺的东西,而"想要"则更多地表达了一种强烈的个人偏好或愿望。这种混淆导致了逻辑上的错误,因为并不是所有想要的东西都是生活中真正需要的。

09. 诉诸大众

1. 认为在团队中因为大多数人同意某个决策,其他人就应该跟随,即使他们有疑虑或反对意见,这可能涉及了"诉诸大众"的逻辑谬误。这种思维方式忽略了个体理性和独立判断的重要性,错误地将决策的正确性与支持它的人数挂钩。一个合理的决策应当基于事实、数据和逻辑推理,而不是仅仅依赖于多数人的意见。因此,即使在团队中大多数人支持某个决策,其他人也有权利基于自己的分析和判断提出异议,并且团队应考虑所有相关的观点,以确保最终的决策是经过充分讨论和合理论证的。

2. 认为"大多数人都认为某种流行的饮食习惯是健康的,因此它就一定科学有效"是一种典型的"诉诸大众"的逻辑谬误。这种论证忽略了一个事实,即多数人的观点并不自动等同于事实的真相或科学的正确性。科学有效性需要通过实验、数据收集、统计分析和同行评审等科学方法来验证，而不是通过公众投票或普遍信念来决定。因此，即使一个饮食习惯被广泛认为是健康的，它也可能需要进一步的科学检验来确认其对健康的真实影响，以避免误导和潜在的健康风险。

10. 诉诸权威

1. 一位著名教育学家认为所有学生都应该学习拉丁语，这并不自动意味着拉丁语对每个学生的未来都是必要的。专家的意见可以提供有价值的见解，但它本身并不能作为证据来证明一个普遍性的结论。否则就可能出现"诉诸权威"的逻辑谬误。正确评估拉丁语对学生未来的必要性需要更多的证据，例如关于拉丁语对于不同职业道路和学术领域的实际价值的研究和数据。

2. 小丽的说法存在"诉诸权威"的逻辑谬误。尽管她提到的亲戚是一位知名医生，这可能增加了她所说内容的表面可信度，但这并不能作为充分的证据来证明减肥药的效果。药物的有效性需要通过科学研究和临床试验来验证，而不是仅仅依赖于个人的身份或地位。因此，没有具体的证据支持，我们不能仅凭小丽亲戚的意见就断定该减肥药非常有效。

11. 诉诸无知

1. 声称"历史书上没有记载关于某个事件的详细信息，所以那个事件肯定没有发生过"是典型的诉诸无知谬误。这种推理忽略了历史的局限性和可能的信息缺失，错误地认为未记录即不存在。历史记录往往受限于时代、文化和政治因素，不能作为事件是否发生的唯一标准。因此，这种推理缺乏逻辑上的合理性。

2. 认为"如果科学家还没有找到生命在其他星球上存在的证据，这意味着宇宙中除了地球以外没有生命"是诉诸无知的逻辑谬误。这种推理错误地假设了缺乏证据即等同于事实的不存在。科学探索是持续的过程，未找到证据并不等同于证据不存在。宇宙之大，生命形式可能多样且复杂，仅凭当前知识无法得出全面结论。

第二章　如何表达——运用逻辑提高表达力

01. 演绎推理之直言命题对当关系

1. 答案为 B。如果"所有的三星级饭店都搜查过了"为真，根据直言命题对当关系，可推断："没有三星级饭店被搜查过"为假（上反对关系不能同真）；"有的三星级饭店被搜查过"为真（包含关系上真推下真）；"有的三星级饭店没有被搜查过"为假（矛盾关系一真一假）。至于"犯罪嫌疑人躲藏的饭店已被搜查过"无法确定真假。

2. 答案为 E。大会主席的观点是：大家都赞同此方案。该命题为假，则其矛盾命题为真，那"有的人不赞同此方案"为真。故答案选 E。

02. 演绎推理之直言三段论

1. 考生的论证可整理为以下推理公式：

（大前提）凡是直角三角形都是斜边的平方等于其他两边平方之和；

（小前提）这个三角形的斜边平方等于其他两边平方之和；

（结论）所以，这个三角形是直角三角形。

这个三段论中的中项是"斜边的平方等于其他两边平方之和"，在大前提和小前提中都没有周延，不符合三段论推理规则之二："中项在两个前提中至少要周延一次。"本题正确推理形式为：

（大前提）凡是斜边的平方等于其他两边平方之和的三角形都是直角三角形；

（小前提）这个三角形的斜边的平方等于其他两边平方之和；

（结论）所以，这个三角形是直角三角形。

2. 故事中夺酒壶的人所作的三段论推理公式可以简化为：

（大前提）所有的蛇都没有脚。

（小前提）这个人画的蛇却有脚。

（结论）所以他画的不是真正的蛇。

从三段论推理规则的角度来看，夺酒壶的人所作的推理是符合三段论的结构和逻辑的。

03. 演绎推理之假言推理

1. 小丁的推理不合逻辑。小丁的推理过程可整理如下：

如果星期日不下雨，小张就去图书馆；

星期日下雨；

所以，星期日小张不会去图书馆。

在这个推理中，小丁通过否定前件推否定后件，断定小张星期日不会去图书馆，不符合充分条件假言命题的推理规则。

2. 答：书生的推理过程可以用以下三段论的形式来表示：

如果死后不舒适，那么所有死去的人都会逃回来；

历史上，从未有人从死亡中返回；

因此，死后应该是舒适的。

这个推理过程符合充分条件假言命题的推理规则，即通过否定充分条件的后件从而推出否定的前件。但需要注意的是，虽然这个推理在逻辑结构上符合假言命题的推理规则，但其有效性还取决于大前提的真实性。在这个例子中，大前提"如果死后不舒适，那么所有死去的人都会逃回来"是一个无法验证的假设。因此，虽然逻辑上推理过程是合理的，但其结论的可信度是有限的。

04. 演绎推理之选言推理

1. 冯谖在向孟尝君解释自己为什么买"义"回来时，使用了选言推理。整理如下：

收完债后，或者买珍宝，或者买牛马，或者买美女，或者买"义"；

孟尝君家里不缺珍宝，不缺牛马，不缺美女；

所以，买"义"。

2. 陈胜动员戍卒的演说中，使用了一个不相容选言推理：

我们要么误期让朝廷杀头，要么戍边受折磨而死掉，要么起义干一番大事业；

我们不能让朝廷杀头，也不能去戍边受折磨而死掉；

所以，我们要起义干一番大事业。

05. 演绎推理之二难推理

1. 连长的话中包含了一个简单破坏式二难推理：

如果训练成绩要好,就必须有正确的训练态度;

如果训练成绩要好,就必须有科学的训练方法;

你们或者没有正确的训练态度,或者没有科学的训练方法;

因此,你们的训练成绩不好。

2. 孔子话中的意思可整理为一个复杂破坏式二难推理:

如果孔子说死后有意识,他担心会让孝顺的后代不顾自己的生活去过度哀悼死者;

如果孔子说死后无意识,他担心会让不孝顺的后代抛弃逝去的亲人而不给予适当的安葬;

孔子不愿意让孝顺的后代不顾自己的生活去过度哀悼死者;也不愿意让不孝顺的后代抛弃逝去的亲人而不给予适当的安葬。

因此,孔子不能说死后有意识,也不能说死后无意识。

06. 类比推理

1. 正如我们珍视并保护每个人的基本人权,包括生命、自由和不受折磨的权利,我们也应该将这些原则扩展到动物身上。动物,像人类一样,能够感受到痛苦和快乐,它们也有自己的家庭和社群,渴望自由和安全。如果我们能够认识到所有有感知能力的生命都值得尊重和保护,那么我们就能建立一个更加公正和道德的社会,其中动物的权利得到与人类权利同等的重视。这不仅是对动物的尊重,也是对我们自身人性的提升。

2. 正如一个家庭会安装门锁和报警系统来保护其实物资产和居住者免受入侵者的伤害,我们也必须对数字资产采取同样的预防措施。网络安全措施如防火墙、加密和多因素认证相当于我们的虚拟锁和报警系统,它们保护我们的个人数据、财务信息和商业秘密不被黑客攻击和数据泄露。在这个信息时代,网络保安的重要性与房屋保安不相上下。因此,无论是个人还是公司,都应该投资强大的网络安全防护措施,以预防潜在的网络威胁和避免未来可能的经济损失。

07. 归纳推理

1. 坚持是通往成功的阶梯,这一点在众多名人的事迹中得到了印证。托马斯·爱迪生在发明电灯前经历了无数次失败,但他坚持不懈,最终照亮了世界。奥普拉·温弗瑞在媒体界起步艰难,却凭借毅力建立起传媒帝国。斯蒂芬·金在文学生涯早期屡遭挫折,但他的坚持让《肖申克的救赎》等杰作问世。这些事例清晰地表明,无论在哪个领域,坚持都是克服困难、达成目标的关键。

2. 健康专家普遍建议每晚保持七到八小时的睡眠,以支持身体和认知功能。研究指出,坚持早睡能增强免疫系统,降低心脏病风险,并提升工作效率。奥普拉·温弗瑞、本杰明·富兰克林和马克·扎克伯格等成功人士的早睡习惯,不仅促进了他们的健康,也助力了他们事业上的成功。心理学研究同样证实,早睡有助于情绪稳定和减少焦虑。综合这些例证和研究,可以得出结论:早睡对身体健康和个人幸福感均有积极影响,是提升生活质量的关键习惯。

08. 多重否定词

1. 可以说:"我必须指出,对手的论点不单是错误的,而且是如此不合逻辑,以至于不能不被认为是荒谬的。"

2. 含有多重否定的指令可能会导致员工理解上的困难,因为它需要额外思考来解析双重否定的意义。在这个例子中,"你不应该不报告任何安全事故"可能让员工疑惑于究竟是要报告还是不报告安全事故。

为了消除混淆,可以简化这个指令,直接明确地表达期望的行为。比如可以说:"请务必报告所有安全事故。"

第三章　如何做事——运用逻辑解决生活难题

01. 利用类比突破限制

1. 我们可以将电流类比为水流来帮助小学生理解。想象电流像是水在河里流动。电压像是水泵,推动水流动。电线就像是河流的床道,而电阻则像是河流中的石头,减缓水的流速。就像水从水泵流出,经过河流到达目的地一样,电流也会从电源(像是水泵)出发,通过导线(河流床道),并克服电阻(石头)的阻碍,最终到达电器(目的地)。

2. 在这个传说中,鲁班了解到包头鞋不沉水,正是打鱼的船需要的功能。于是对包头鞋展开研究,发现包头鞋具有两个可能导致不沉水的特点:一是空心;二是不漏水。想到如果打鱼的船做成这样是不是也可以飘来飘去不沉底。在这个传说中,鲁班运用类比推理发明了适合出海的打渔船。

02. 利用归纳总结情况

1. 高斯计算从"1"加到"100"的总和的方法,运用了归纳推理中的完全归纳推理,即在前提中分别考察了 1 到 100 这个范围内所有相应的两位数之和都分别等于 101(即 $1+100=101$,$2+99=101$,$3+98=101$,…,$50+51=101$),然后得出结论:1 到 100 中所有相应的首尾两位数之和都等于 101。

2. 樵夫根据自己过去几次的经历得出结论:第一次割伤那个脚指头,头痛就缓解了;第二次割伤同一个部位,头痛再次缓解,而且没有出现过割伤后依旧头痛的情况。基于这些一致的观察,他得出了一个普遍性的结论:割伤这个脚指头可以治愈头痛。这位樵夫所用的推理方法就是归纳推理中的简单枚举法。

03. 利用因果找到症结

1. 居里夫人在发现镭的思维过程中,运用了求因果方法中的剩余法。居里夫人在科学实验中发现沥青铀矿放出的放射线比铀放出的要强得多。纯铀不足以说明这一复合现象,她推论其还有一个剩余部分,这剩余部分必然还有其原因,而这原因必然还在沥青铀矿里。于是她通过对沥青铀矿的进一步提炼,发现了镭。

2. 在这些不同的观察场合中,唯一共通的情况是光线通过了球形或菱形的透明体。因此,可以推断出虹的生成原因是光线在通过水滴等透明球形或菱形物体时发生了折射和反射,从而分散成各种颜色,形成了虹。这个发现正是利用了求同法来确定虹的生成原因。

04. 有效措施的三条标准

1. 选项 D "为躲避多交过路费,机动车会绕开收费站,增加普通公路的流量"如果为真,最能质疑上述计划。因为如果机动车主为了避免支付更高的过路费而选择绕行到其他道路,那么原本旨在缓解高速公路拥堵的改造可能不会达到预期效果,同时可能会加剧其他道路的拥堵问题。这样一来,市政府通过提高高速公路过路费来贴补地铁改造费用的计划就可能适得其反,不仅没有解决交通拥堵问题,反而可能导致更广泛的交通问题。

2. 选项 E"经常不刷牙的人不大可能作每周一次的口腔自检"如果为真,最能质疑上述小册子的效果。这是因为即使市卫生部门发行了指导人们如何进行口腔自检的小册子,但如果目标人群——即那些经常不刷牙的人——实际上不太可能遵循这一建议去定期进行自检,那么小册子的发放和其旨在实现的目标(帮助这部分人早期发现口腔癌)之间的联系就会被削弱。也就是说,措施不具有可实施性。

05. 运用逻辑巧作安排

1. 根据题干所给信息,可列表。

序号	1	2	3	4	5	6	7	8	9	10
类别	历史		历史	科技						历史

已知科技书架有两个且连号,可推知 5 号也为科技书架,填入表格。

序号	1	2	3	4	5	6	7	8	9	10
类别	历史		历史	科技	科技					历史

由于历史书籍不与儿童书籍连号，所以儿童书籍应在 6、7、8 三个书架中的一个；文学书籍不与科技书籍连号，且文学书籍有四个货架，所以文学书籍只能在 2、7、8、9 四个书架，由此推出儿童书架在 6 号。

序号	1	2	3	4	5	6	7	8	9	10
类别	历史	文学	历史	科技	科技	儿童	文学	文学	文学	历史

因此 C 项当选。

2. 第一步：将题干信息用图表示，六人的座位有两种可能的安排情况。

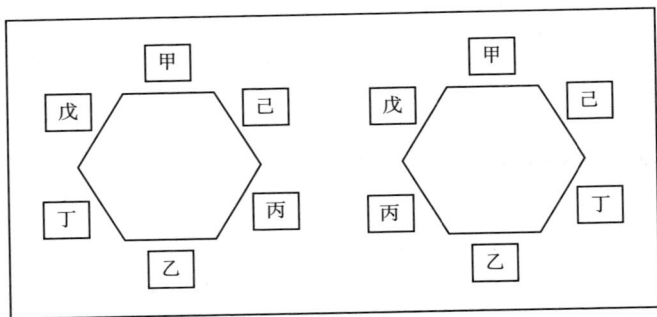

第二步，代入选项，A 项不符合右图，因此不必然为真；

B 项不符合左右两种情况，因此必然为假；

C 项不符合左右两种情况，必然为假；

D 项，"如果丙与戊不相邻，则丙与己相邻。"这是一个充分条件的假言判断。肯定前件推肯定后件，符合左边的情况；否定后件推否定前件，符合右边的情况。因此 D 项说法是正确的。

E 项不符合左右两种情况，必然为假。

第四章　如何推理——综合推理让你思维敏捷

01. 案件侦办类逻辑题破解技巧

1. 民警注意到了那人归还旅行袋后的反应,他没有去寻找自己的旅行袋,而是急忙离开,这不符合一般人丢失行李后的自然反应。通常情况下,如果一个人错拿了别人的行李并归还后,会去寻找自己的行李。然而,那人没有这样做,反而急于离开现场,因此民警运用充分条件假言推理否后推否前,推理出这个人可能并没有拿错行李。民警进一步推断,这个人可能并不拥有任何行李,这暗示了他可能有不正当的行为,最终证实他是一个惯偷。

2. 警方的证据不够充分。警方的第一个推理如下:

只有当时出现在银行大厦的人,才可能是凶手;

丹丹尼当时出现在银行大厦(大厦七楼);

因此,丹丹尼是凶手。

在这里,即使凶手的确是从银行大厦七楼射杀的酋长,当时出现在银行大厦七楼也只能是认定为凶手的必要条件,而不是充分条件。

警方的第二个推理如下:

只有持有六五毫米口径步枪的人,才会是凶手;

丹丹尼有六五毫米口径步枪;

因此,丹丹尼是凶手。

在这个推理中,警方也是通过肯定必要条件的前件推出肯定的后件,不符合必要条件的推理规则。

02. 真话假话类逻辑题破解技巧

1. E选项的问题,无论这个国民是真城的人还是假城的人,在真城都会回答"是",在假城都会回答"不是",因此可以根据不同的回答判断自己到了哪座城。而A、B、C、D选项的问题,真城和假城的回答完全一致,无法判断是哪一座城。

2. 由于本题涉及的只有三类机器人,适合使用假设排除法。三个机器人的回答都围绕的是甲的身份,因此可以将甲当作突破口。

先假设甲是常人,那么甲所说的"我是常人"是真话,乙所说的"甲是坏人"与丙所说的"甲是好人"都是假话,但剩下的两个机器人,坏人只说假话,好人只说真话,出现了矛盾,排除。

假设甲是好人,那么甲所说的"我是常人"与"好人从不说假话"的设定相矛盾,排除。

排除了"常人"与"好人"两种可能,甲只能是"坏人",坏人只说假话,与甲所说的话符合;乙说的是真话,是好人;丙说的是假话,又不能是坏人,因而是常人。

C项符合。

03. 推理谜题类逻辑题破解技巧

1. 选D。假设小明是错的,则甲不是第四;小红是对的,乙不是第四;小亮是对的,丙不是第四;小王是对的,丁不是第四,则没有人第四。因此小明肯定是对的,甲第四。选D。

2. 王洲猜对了。王洲摸的是蓝弹子,而朱青和田路摸的则是红弹子。

我们可以通过以下逻辑推理得出这个结论:

首先,我们假设朱青猜对了,那么他摸的是蓝弹子,这就意味着田路和王洲摸的都是红弹子,因为题目告诉我们有三颗弹子,其中两颗是红弹子。然而,如果王洲摸的是红弹子,那么田路和王洲也都猜对了,这与题目中只有一个人猜对的设定相矛盾。因此,我们可以得出结论,朱青并没有猜对,他摸的不是蓝弹子。

接着,我们假设田路猜对了,那么王洲摸的是红弹子,这意味着王洲也猜对了,这样一来就有两个人猜对了,这同样与题目条件不符。因此,田路也没有猜对,王洲摸的也不是红弹子。

既然朱青和田路都猜错了,那么根据题目条件,王洲必定是猜对了。王洲猜自己摸的不是白弹子,这意味着他摸的要么是红弹子,要么是蓝弹子。但由于我们已经确定田路猜错了,所以王洲摸的不可能是红弹子,只能是蓝弹子。

综上所述,王洲摸的是蓝弹子,而朱青和田路摸的则是红弹子。